进阶

Even More

施工进度规划
Schedule
for Sale

建筑施工项目中的高级施工作业分包理论

Advance Work Packaging, for Construction Project

Geoff Ryan 注册项目管理师   著
Geoff Ryan, P.M.P   Author

钱蓉 注册工程师, 博士   译
Rong Qian, P.Eng, Ph.D   Translator

AuthorHouse™
1663 Liberty Drive
Bloomington, IN 47403
www.authorhouse.com
Phone: 1 (800) 839-8640

由 *AuthorHouse* 于 *6/12/2018* 出版

ISBN: 978-1-5462-3610-8 (sc)
ISBN: 978-1-5462-3609-2 (e)
LCCN: 2018904064

有关印刷信息参见最后一页

Getty Images 提供的任何图片中描绘的人物都是模型，而这些图片仅用于示意说明的目的。
某些图片由 © *Getty Images* 提供。

本书采用无酸纸。

由于互联网的动态性，本书中包含的任何网址或链接都可能在出版后发生变化，并且可能不再有效。本文中所
表达的观点仅为作者的观点，并不一定反映出版商的观点，出版商特此声明不承担任何责任。

authorHOUSE®

这是我在项目管理方面的第二本书。 第一本书《施工进度规划，建筑工程中的作业面规划 》主要探索了作业面规划理论（Workface Planning）在超大型建筑工程中规划作业的工程意义。我们依然在实践中学习，认识，和提高， 但是这本书在上本书的基础上前进了一小步。

学习如何走路是我们人生中一个最见效的学习经历，因为这个学习成果是马上可以看到的。但是学习作业面规划理论（Workface Planning）的成果不会那么快见效，有时还会得到一些失败的教训。

离上本书出版快 10 年了。10 年过去，我们更深的意识到作业面规划理论（Workface Planning，简称为 WFP）的重要性。如果说作业面规划理论（Workface Planning）是"走"的话，那么现在是时候学"跑"了，这就是高级施工作业分包理论（Advanced Work Packaging， 简称为 AWP）和信息管理（Information Management，简称为 IM）。我们相信作业面规划理论（Workface Planning）依然有些许不足之处，没有十分完善，但是人类不会因为这些许不足，或者一些常识而停止前进的脚步。因此我们依然提倡进阶的理论。

在最初提出 WFP 模型的时候，我记得阿尔伯特省建筑业主协会（Construction Owner Association of Alberta – COAA）WFP 委员会讨论过工程设计部和采购部的支持对建筑施工是否必要。现在，我们都同意工程设计部和材料采购部的支持对作业面规划理论（Workface Planning）的实际应用是必须的。在 2006 年的头一，两个工程项目中，马上就发现了来自工程设计部和材料采购部的支持是非常实用的和必须的。这也使得下一步的理论发展有了目标。

COAA 队伍在接下来的几年里帮助建筑施工行业认识和应用 WFP。幸运的是建筑施工业研究所（Construction Industry Institute，简称为 CII）注意到了这个理论。CII 有非常有效的研究和发展模式，他们依靠大学教授和学生来研究行业中遇到的实际问题。当 CII 意识到可以研究和建立一些流程来使得 WFP 更有效的应用时，他们成立了一个研究小组，称为 272 。这个小组的主要任务是在工程设计部和材料采购部推广最佳操作规范。这个最佳操作规范能有效的在建筑施工过程中支持 WFP，这就是高级施工作业分包理论（Advanced Work Packaging – AWP）的起源。

几年过去，建筑施工界在一些项目中使用 CII 模型来实施 AWP，同时在工程设计部和材料采购部中结合了 COAA 模型来实施 WFP， 以要求他们给出规范的信息。第二个 CII 委员会证明了整个实际流程的结果的有效性和这几年的研究成果的有效性。这些成果和流程使得 AWP 流程被整个建筑施工界承认为最佳操作规范。

整个流程还没有达到奥林匹克水平，但是那些早就接受了这些观念的人确实发现了怎么在实际中应用它们。

如果你现在还不是很明白我刚刚提到的暗示（那些还没有读过我的第一本书《施工进度规划》的读者），请不用担心，我们在本书的每一章中都会对这些主题作具体的讨论。现在，我只希望你可以知道，很多很聪明的人做了很努力的工作，冒着损害他们声誉和职业前途的危险，才取得今天的成就。我有这个机会和优先权把他们的努力工作的成果汇总在这本书里，从而建筑施工行业里的其他所有人都可以从他们的视野和判定中受益。

建筑施工项目中的高级施工作业分包理论，
信息管理和作业面规划

目录

简介

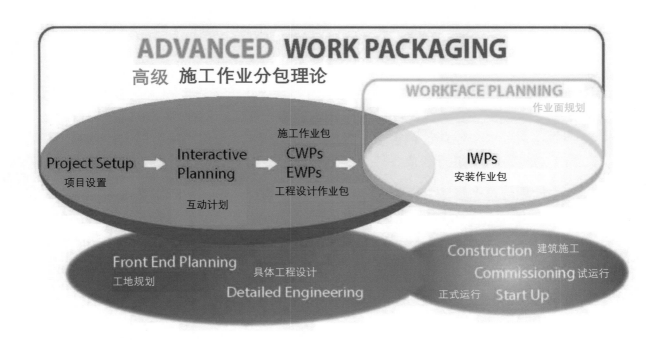

让我们从 CII 的模型开始，因为我偶尔会发现学院模型往往可以很简洁的解释一个复杂的问题。这很适用现在的情形。

从上图我们可以看到有两个重叠的流程制度"规划"（高级施工作业分包理论）和"实施"（安装作业包），各用一个椭圆来表示。它们都建立在计划的制定上（EWPs，CWPs，和 IWPs）。

虽然整个流程可以看作是"高级施工作业分包理论"（项目规划的增强版），但是施工现场的准备工作（蓝色的椭圆）尤其特别地被认为是高级施工作业分包理论（这是首先要做的）。这本书里的 AWP 主要指的就是这个蓝色椭圆区域。

还有一个独特的要素需要单独列出来：信息管理。这个流程制度是独特的并且是交织在 AWP 和 WFP 之间的，可以称作为把所有流程联系成一个整体的粘合剂：

Information Management
信息管理

AWP, IM 和 WFP 的指导原则就是要极大地减少施工时间，优化施工安全和施工质量，花最少的费用，并且使得工程项目在有计划的安排下可预测的进行施工。这个计划安排来自于给工头和工人的安装作业包，这个作业包包含了一星期的工作计划，包含了所有需要的信息（图纸，材料，工具等等），以及是无约束条件（所有进行施工所需要的条件都满足）的。

在开始工作之前先计划，这个想法并不像火箭理论那样复杂，但是在实际中很难很难做到。这是一个沙省农场主给我上的一课：拉驴不容易，但是挂一胡萝卜就容易多了。不要认为这个过程很容易。我们从工程实际中看到最好的结果是，当一个项目出了问题，整个团队都在像拉一头犟驴那样努力想要拯救这个项目。

也就是说，在项目中整个团队努力工作才取得出色的成果。这表示在目前确实有些项目，有些部分实现了可预见的施工，在经验，流程制度，准备工作，努力，和毅力推动下使得项目成功。在接下来的几年里，当使用 AWP，IM 和 WFP 将成为行业界的共同意识时，我们会发现令一个项目失败的真正原因是：设计和努力的缺失（不是知识的缺失）。

本书的目的跟上本书一样，同样是帮助建立一个平台，使得行业里的每个人都可以接触到最广为人知的理论和流程。

当你拿起这本书，你将会从我们的经验中学到很多，并且用这些知识去建立你自己的模型，去改变和优化结果。

这本书比上本书包含了更多的想法以及可以实现上本书里的想法的流程。它们证实了这样一个理论：在行业里，我们可以互相学习，解决新问题。我们可以预期，如果你能学以致用，那么你也可以成为一个改变现实，解决实际问题的人。

这本书中的很多流程制度横跨了不同的区域，比如小组检查制度就是一个很好的例子。小组检查查制度通常在把 CWP 从施工管理队伍交付给施工监理时应用。这个小组检查制度在本书的三个不同的地方被提及，以用于支持那些章节中的其他概念。因此你读到某一章节时可能会看到有些概念在前面讲述过，这表示它们在这个章节里有新的用处，或者这里也牵涉到同样的概念。更主要的是，这通常表示这个概念很重要的，值得重视。

感谢

本书中使用的原理是我在过去 20 年里确定的要点列表，再经由 WFP, IM 和 AWP 的归纳而成的。以此为背景，选择了最有效的理论，在非常多的业界的最有经验的专家们帮助下，这本书才得以问世。我每个月都送一章给专家们评阅，请他们加上他们的实际经验，并且点评这一章节。他们的经验和观点极大地促进了我对 WFP， IM 和 AWP 的理解，也给本书注入了灵魂。我真诚的相信本书每一章都描述了业界最广为人知的理论和经验。

我也请同一批专家写下了他们的体验，附在本书最后。他们的体验式出自他们的真心，体现了他们从每一件具体的事入手，推动业界规范的建立和变革的激情。

第一章：为什么要改变？

让我们花一点时间来想象一下未来的建筑行业。先来想象一下 10 年后建筑行业会是什么样子，20 年以后呢.......... 现在 50 年了.........

我们可以想见变化的主要驱动力是技术。如果你停下来想一想我们已经在我们的生活中看到的那些变化，然后再想一想这些变化是如何影响我们的世界和习惯的，你就会发现我们实在是生活在一个不断改变的世界中。

只是想想你现在获得新闻的方式。在我年轻的时候，早上看报，晚上看电视是唯一获得新闻的方式。现在我订阅了国际新闻频道，我的手机会用文本或短片的形式随时告诉我世界上正在发生的事。我已经很多年没有拿起过报纸了，我的电视也只用于看体育节目。相比于我们的祖辈的期待阅读周报和每个月去一次电影院，这是一种信息处理能力的模式转变。

这种模式的改变只会会越来越快。

摩尔定理在 1965 年定义了改变的速度："*集成电路中的晶体管数量将每两年翻一番*"。后来这个周期被改为每 18 个月。这个定理在过去的 50 年里被一再证明。

让我们以 20 年后的建筑项目为一个基点：（2037 年，我将会 74 岁，也许在打高尔夫球时行动会缓慢一点）那时候只有新手会使用"可预测"这个词，就像我们现在用"打破常规"这个词一样。我们已经不可能像以前那样不知道一个项目会花费多少资金和时间，也不知道是否需要建设这个项目。

想象一下这样的场景：

一个市场预测显示塑料的需求将要增加，而全球的供应量在 10 年内将不能满足需求，所以一个化工公司的执行者打开"建造"软件，输入在南印度建一个 100,000 吨产量的工厂（从南印度到市场有最好的运输线路）这样一个要求，软件程序检查了全世界的钢厂，塑料产量，制造厂和建模场，算得了一个平均价格和获得钢材和管材的进度。然后使用标准的 3D 模型设计了一个 100,000 吨产量的工厂，列出了所有需要的设备，阀门，仪器仪表和特殊设备，并且检查了供应商的价格和供货时间进度。

几毫秒之内，价格和进度就显示在执行者面前，风险测试显示一个绿色标志，这表示基于今天的产品市场和材料，人工的价格，这个项目有很好的 ROI（Return On Investment 回报率）和 78%的成功率。

不幸的是，这个公司打算把自己建成一个蓝筹投资，他们要求只有 80%以上的成功率才能获得投资。

与此同时，哈萨克斯坦的一个住在妈妈家的地下室里的孩子开始建立一个化工公司，起名为 Chemtronics，这是他最喜欢的变形金刚的名字，得到了几百万 10 美元投资者的投资。他看到了同样的机会，得到了同样的风险测试结果，所以这个项目启动了。他把这个项目放到了一个叫"资助我"的网站上。一个地产商回应了。他提供了一块土地，土地上有码头，能出入高速公路，并且有享受政府税收优惠的厂房。一个工程公司提供了一套现成的 100,000 吨产量的工厂的设计图纸。当地的工会表示他们有现成的工人。一个有 AWP 认证的管理公司回应可以提供保证固定价格的服务（并且可以免费提供一些早期建议）。

如果你认为这个设想可能比较超前，那么现在已经有了免费的软件可以告诉你此刻天上的 10,000 架飞机的确切位置，高度，速度，和降落时间。

关键是数据。现有的工业施工模型没有很好的预测性的原因之一是理论和数据没有标准化。

这需要决策的改变。工业施工业是由回报率（ROI – Return On Investment）决策的。我们了解的越多，我们的投资策略越专一，我们越能预测结果。是否建一个工厂取决于你的投资策略和你的 ROI 标准。世界需要一个可预测的 ROI 来支持投资市场的需要。目前，对建设项目的投资就像一场疯狂的赌博，这点需要改变。因为有很多的项目需要建设，我们需要在可预见的参数下做出决定，而不是只根据销售热点来决定。

现在回到现实世界，我们面临的问题是：

在同样的 50 年里，每 18 个月数据管理的能力就翻一番，钢结构的建造也由铆钉连接变成螺栓连接。

如果我们用心的话，我相信我们可以设计出不需要螺栓或焊接的钢结构连接。看看那些用于防震的钢结构的连接方式就可以知道。

以上例子证明了在施工行业中我们看到的变化并不主要是由怎么做（技术）影响的，这些变化主要是由必须做（规则）影响的。在承包商的作业流程中的变化主要是由绝望，生存，法规或问责制度（大棒）来影响的，有时候也由利润（胡萝卜）来影响的。而最终是由业主来决定哪个因素是变化的主要驱动力。但是问题是业主并不总是明白他们想要什么样的改变，以及什么改变是可行的。即使他们想实施改变，他们也不知道怎么做才可以得到他们想要的结果。

很多业主有一个大概的愿望"不超时间和不超预算"。但是那是什么意思呢？谁的时间和谁的预算呢？业主真正想要的是可预见和可相信地知道合适的成本和进度。业界化了好些年的时间试图通过量身定做的合同来保障这样一个结果，但是至今都没有太成功。

为了不离题太远，让我们快速浏览一下三种主要的合同策略，只是为了设立一些参数：

总价和单价合同：我们总是把地板(最少要求)和天花板（最多要求）搞混在一起，我们认为硬性规定价格的合同最大限度地代表了我们愿意为产品（天花板）所 愿意付的钱，但是事实上这个产品是地板。这个合同的总价是你需要付的底价，最后需要付出的价钱绝对会高出这个价钱。承包商也绝对会花大量的时间和努力来提高价格，甚至比花在项目本身的时间和努力还要多。更主要的是，这些合同并没有把风险从业主转移到承包商，风险只是变成了增加的那部分价格。

时间和材料合同（牛奶和蜂蜜合同）：在快速追踪交付世界中由进度决定项目工期的最坏的合同。是一种 100%会让业主在工程设计和材料上付出更多时间进度的合同。如果你自己管理项目，那就是一分钱一分货，并且工期可以很快。但是管理队伍必须要专注于项目本身的建设，而不要关注于通过独立的预算来降低成本（阻断管理）。

PPP 模式合同：公共私营合作制是一种最合适的形式。这种模式把承包商变成业主，承包商投资和管理工程设计和设施建设（比如医院和高速公路），在规定的租赁期限后，一般在 20-50 年之间，还给业主。在这个模式下，时间，金钱，和质量都可得到满足。但是承包商必须懂得如何提高生产效率，并且有雄厚的资金。

我能确信的一件事（感谢 Stephen Covey）是合同的总策略必须是双赢的。在我从业 25 年的经验里，我从没见过赢-输的结果，要么赢-赢，要么输-输。

任何好的合同的结果是承包商得到合理的收益而业主得到期望的产品。这个产品通常是指可以挣钱（进度主导）或提供服务（成本主导）。

回到我们对变化的期望，结论是，在总价合同，单价合同，和时间材料合同中，**业主**必须是改变主导者。业主是项目涉众，他们必须站起来要求得到有效率的操作，以及在工程设计，采购，和工期建设之间的信息交流。为了这个目的，业主必须明确他们的期望目标，建立一个项目管理环境来规范改变的方向。

简短的表示：业主必须涉足管理业务，而不仅仅是只当个在足球比赛时尖叫点评的观众。

我们今天在哪里？我们想要去哪里？

今天，我们所处的世界，只有非常少数的超大型项目可以取得预期的商业目标，而且很难可以在只超出成本和时间预算 10%的范围内完成项目。

30 年的全球工具时间研究表明，平均每个工人 10 个小时中只花 4 个小时用来做我们希望他们做的工作。

这表示我们知道生产效率很低，我们最好的成本和时间预算都是不可靠的。

我们想要的是提出问题并且解决它，建立真实的预算然后可预测地执行项目。

因此，"我们为什么要改变？"这个问题的答案是：因为我们可以改变。如果我们不改变现状，那么我们就会面对我们讨论过的那些压力：绝望，生存，法规或问责，甚至利益的需求。

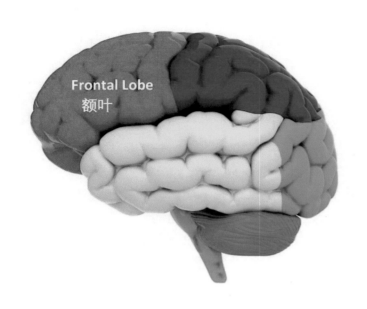

额叶位于大脑前部，是负责管理各部分之间的多巴胺。多巴胺的分配影响短期记忆，动机和计划。额叶的功能使得我们有能力展望未来，从而把我们和其他动物区分开来的。这意味着什么呢？这意味着我们能统治地球是因为我们有能力规划将来，并且有能力根据这个规划而采取必要的行动。（并且我们有大拇指）。

这意味着基于到目前为止你所经历的大概的模拟，加上天生的预见结果的能力，你可以创建一个业界发展趋向的美好图画。

我们也许可以看到现代高尖技术和系统将彻底地改变我们管理项目的方式。我们对结果的期望很高而对风险的承受度很小。当我们回头审视本世纪我们的建设项目的结果时我们会觉得骇然。就像我们回头审视过去的大项目建设中的死亡率一样。

有一件事必须要牢记，你是整个过程中的一员。我们都是这个主要舞台上的演员，我们掌握着历史的教训和改变的路径。把我们引出树林，引到火星地表的本能依然深嵌在我们每一个人身上。我们本能地不断进步。

基于所有这些以上，还有一个最基本的理论，是关于工地施工人员，他们代表了建筑施工业的水平。工人的来源大概可以从类似这样的一个故事开始：

前些时候你在故乡的家里，早晨醒来，四周看看，说："不能局限于此。"。然后你开始阅读关于远方的书和杂志，观看有关改变的力量和成就的电影，这些给你注入了好奇心。随着时间的推移，你的理论变成了激情，然后变成行动，然后你离开了家乡，怀着上进和渴望变革的心。跟随 Horace Greeley 的倡议......"去西部吧年轻人，和国家共同成长"。

这个过程曾经发生在千百万人身上，现在依然每天都在发生。澳大利亚，加拿大和美国的边疆地区全是这样的人，这造就了今天的他们，繁荣的家国，和"永远不认输"的精神。对这些人来说，"不可能"只是还没有来得及做的"可能"。这才是内部移民和外部移民对国家发展如此重要的真正原因。看看你社区里那些从零开始打拼最后把生意做成全城镇中心的人们。他们是从其他地方来的，努力工作和积极向上的人们。

所以想象一下这样的场景：你选择了这样一个充满活力的国家（澳大利亚，加拿大，美国），然后你选择了这样一个满是未建设工地的行业，然后你发现有些地方连柏油路都没有（比如 Darling Downs, Fort McMurray, Williston North Dakota），你和很多与你同样的人在一起。你注意到的第一件事是很难得到一杯咖啡或一顿饭菜，因为这里的每个人都想改变世界，但是这里的服务行业却很难跟上改变。然后自然地你也不可能去到任何地方，因为配套设施远远不够。当只有两条道时，所有人都会挤在快车道。但是最后你得到了混合了上进，激情和渴望成就的终极结果，改革的终极配方。

然后我们开始了一系列超大型工程，却依然固守着落后的旧的施工过程：先是工程设计，然后采购，然后施工，不愿意使用快速追踪施工的平行操作理论，然后，瞧瞧吧，这里形成了一个断层。

由此触发了我的 WFP, IM 和 AWP 理论的火花。它起始于 Fort McMurray，在广泛使用的旧施工流程和现场工人中引起了反响，然后扩展到其他渴望改进的工地。我从建筑施工工人的眼中看到了希望，他们曾以为再也没有指望可以做合理的事了。我们向他们推广了 WFP，你可以看到他们小心地绕着圈嗅探，踢一踢看看这个理论是否是真实的还是只是纸板的。当人们意识到他们可以决定结果时，所有那些驱使他们离开家乡的激情又回到他们生活中。直至现在，当我们在似乎没救的项目中推广 WFP 时，我们看到 WFP 成了吸引实干家的磁铁。

生产力因素的第五元素是"渴望"。

信息，工具，材料，访问和渴望。我们在设置项目目标时通常并不提到"渴望"，因为我们知道"渴望"在大部分人心里是休眠的，在等待合适的时机冒头。

总结一下"为什么要改变？"

我们讨论了我们周遭世界的现实和改变的路径，然后我们花了些时间来看看我们的建筑施工业界的改变的原动力，然后确定了**业主**是主要的"改变者"。这引导我们快速地审视了我们的现实和新的期待的目标。最后几页纸的内容告诉我们我们有能力进步且渴望进步。

下一步需要辨别的问题是：改变什么？和怎么改变？

对"改变什么"的简短回答是：实行一套系统来解决时间和成本不确定的问题。

对"怎么改变"的简短回答是：应用高级施工作业分包理论（Advanced Work Packaging），因为你的同事正在用这个理论，而且这个理论对他们确实有效。

第二章 什么是高级施工作业分包理论（AWP）信息管理（IM）和作业面规划（WFP）

在简介中，我们用 CII 模型图来表示了 AWP 的结构和概念。这一章，我们将更进一步来探讨每个区域的真正元素，讨论区域之间的关系。然后在下一章我们将具体到谁将负责哪个部分的问题。

如果你还没有在 You Tube 或我们的官网（www.insight-awp.com）上观看 AWP 的介绍视频，现在可以找时间去看一看。这些介绍性的视频会带你浏览整个 AWP 流程，并且会给你一个关于所有的这些元素是如何组成最后的理论的总体性概念。

高级施工作业分包理论：

简单来说，用高级施工作业分包理论的流程来规划项目作业范围的细分，从而使每一小份的作业符合现场的作业面规划的实施要求。

施工作业包的最初形成就需要符合工程设计作业包和采购数据包的结构。这样才能形成一个包含一定施工作业内容和完成这些施工作业所需的所有图纸和材料清单的施工作业包，这样的施工作业包可以作为安装作业包直接移交给施工队施工。

整体流程中的另外两个元素是：信息管理和作业面规划：

信息管理

信息的管理是一种策略，它起源于这样一个想法：项目中的每一个人都需要知道其他人建立的关于本项目的信息，也就是信息的透明度。因此，这个策略的目标是设计一套系统和界面来使得每个用户都能得到他们需要的源数据。这个系统和界面的期望结果是确保所有的项目人员能得到他们需要的精确的数据，这个系统和界面需要能兼容各种来源和各种格式的数据，也需要能用于不同的项目。

这样每个人都可以知道他们需要的所有信息。

作业面规划

在煤矿作业中，作业面是指镐接触煤层的那个点。在建筑施工中，作业面是指各工种的工人把材料安装到工厂管线上的点。因此，作业面规划是一个确定这些工人需要做什么样的工作，

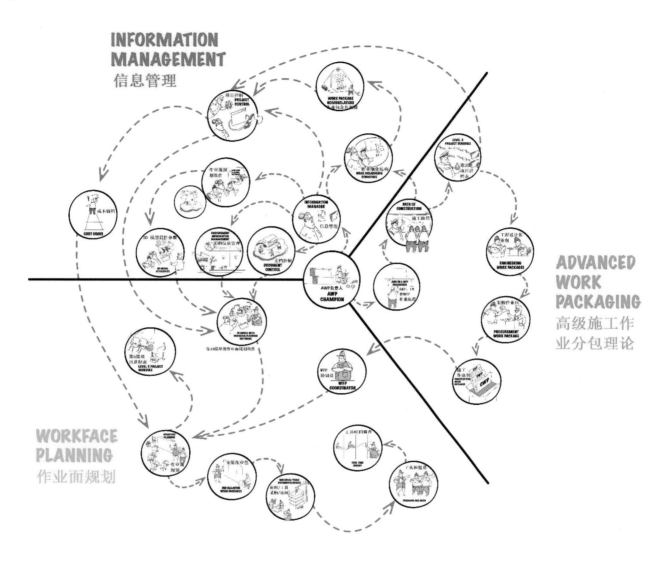

需要什么信息，工具和材料来完成这些工作的过程。

从上图可以看到，本书和规程被分成三个互不重复的区域，这代表了项目中三个互相重叠的阶段。

高级施工作业分包理论的应用开始于工程设计之前，任命 AWP 负责人之时。AWP 负责人负责领导各部门，创建总策略并且建立应用作业面规划的总体氛围。

随后马上任命信息部经理，从而可以使信息管理策略参与组建信息产生和交换的规则和标准。

整个流程的第三阶段是作业面规划，在具体的工程设计作业开始之前指定作业面规划协调员。

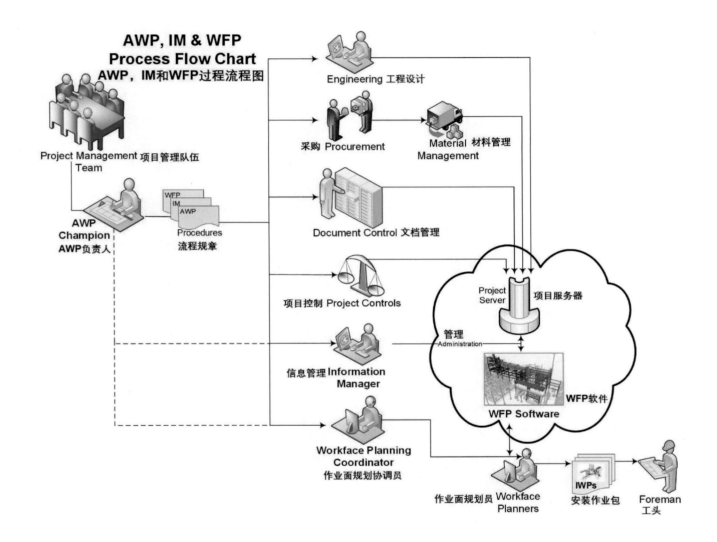

这个流程规定了项目组的具体人员和各人的责任，同时也建立了其他项目涉众的总体期望。

第三章：投资回报和利益

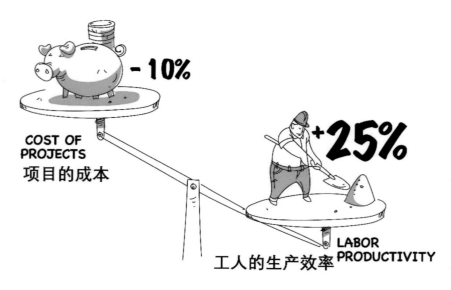

COST OF PROJECTS 项目的成本 -10%

LABOR PRODUCTIVITY 工人的生产效率 +25%

如果你通读了阿尔伯塔省建筑业主协会（COAA）或建筑行业研究所（CII）的文献，你可以看到他们两者都确认了在项目中应用 AWP 理论会减少 10%的总安装成本（Total Installed Cost，简称为 TIC）。这是工人的直接劳动效率提高 25%而得到的结果。

这看起来像是个大的数字，而且似乎虚幻的像一个想象出来的"空中大饼"。但是实际上即使这个发布的数据是真实的，依然无人相信。这令人觉得悲哀同时也令人兴奋。这意味着目前大体上每个项目都陷在深沟里，每个项目的生产效率都可以提高 25%。令人兴奋的是有很多的项目需要提高生产效率。

为了给你提供一个大致的估计，我们最近在两个不同的地点对同样的生产项目进行了工具时间（Time On Tool）研究：一个是停产检修 – 很好的计划了时间和规划了作业包，另一个项目没有计划，当天看当天做，做到哪里算哪里。停产检修项目的直接工作时间占总时间的 47.37%，这是很有效的了。另一个项目的直接工作时间占总时间的 25.6%（47.37-25.6=21.77，21.77/25.6=85%）。这结果听起来似乎不太可信。但是让我们仔细想想，如果只有一个很大概的计划来完成一个停产检修的项目会这么样。有一天你带着一个大概的工作要求走进工厂，关停了生产线，你没有给工人们材料，也没有给工人们图纸，让工人们两手空空，脑袋空空地进场，让他们自己去发现和实施"合适的作业"。你是否觉得这个停产检修项目不可能在 10 天里完成，而是会花费 18.5 天？绝对是的，这就是我们的施工作业需要标准化的理由。

我并不认为我们现在就已经可以对一个还未开工的两年工期的项目作出第 6 级（每天）或第 7 级（每小时）的进度表，但是我们绝对可以可预测地计划和实施波浪式滚动的第 5 级（每星期）进度表。

为了显示有多少项目有同样的问题，而不是局外人的"偶尔"一次发现，这儿列出了过去几年里我们记录的其他一些研究结果。

项目 A：加拿大，2006 年，3 亿加币的预算。工地上所有的工头都使用了由作业面规划（WFP）软件建立的安装作业包（IWPs）。作业面规划的第三方审计得分 77%。

项目的另一半由不同的承包商承建，没有使用作业面规划。

WFP 的部分：每英尺的管道安装花费时间 2.6 小时

非 WFP 部分：每英尺的管道安装花费时间 3.4 小时，多花 24%的时间。

脚手架部分所用的直接工时占总工时的 18%（通常是 25%）

项目组获得了 COAA 的 2007 年的"最佳施工规范的最佳应用"奖。

项目 B：加拿大，2007 年，15 天，500 名工人的一个停产检修项目。每个工头每天都收到一个包括当天工作内容的作业卡：

尽管增加了很多工作内容，检修工程依然提前 1 天完成，并且保持了完美的安全记录。

项目 C：加拿大，2010 年，5 亿加币的预算。两年工期的一系列维护工程。5 个承包商，每个工头每个星期都得到包含本星期工作内容的作业包：

一个承包商在应用了 IWPs 后，安全记录从最低级升到了最高级。另一个承包商的利润得到了极大提高，并且成了本公司效益最好的部门。

项目组获得了 COAA 的 2011 年的"最佳施工规范的的最佳应用"奖。

项目 D：加拿大，2012 年，10 亿加币的预算，400 名工人，126 天的停产检修项目。每个工头每天都得到包括当天工作内容的作业包：尽管增加了大量的工作内容，工程依然准时完成，保持了完美的安全记录，并且比预算节约了 **13%**。

项目 E：加拿大，2013 年，10 亿加币的预算，500 名工人，3 年的工期，在工程进行到一半的时候开始应用安装作业包理论，使用作业面规划（WFP）软件：

确认了车厢 1 和 2 的工作作业范围，各有 2 万工时的施工作业包（CWP），一个车厢应用安装作业包规划，一个车厢没有用。

应用作业面规划（WFP）软件把施工作业包分化为安装作业包的一方比没有计划，看着做的另一个施工作业包的生产效率提高了 32%。

项目 F：澳大利亚，2013 年，5 亿的预算，每年给一系列的煤矿做停产检修。采用了安装作业包理论和作业卡的方式，约束条件由 Access 数据库追踪。

规划队伍记录了一整年的成功的停产检修项目，大部分都是提前或准时完成，最差的也只是延误了 12 个小时完成。

项目 G：美国，2014 年，4 亿的预算，500 名工人，使用了作业面规划软件，每个工头都得到安装作业包。

项目记录表明节约了 0.36 亿成本，获得完美的安全记录，脚手架部分的花费只占总直接工时的 18%，管道安装效率是每英尺 2.6 小时。

项目组获得了 2016 年作业面规划软件全球应用的"鼓励"奖。

项目 H：加拿大，2015 年，1 亿加币的预算，一系列的维护项目。每个工头都得到安装作业包或作业卡。

承包商取得了一系列的"提前完成项目，不超预算"的成果，从不怎么被看好的承包商变成了受欢迎的承包商。

项目 I：加拿大，2015 年，50 亿加币的预算，有多个承包商，作业面规划被大范围应用，5000 名工人，作业面规划被应用于每一部分：

对所有的承包商的工具时间（Tool Time）的研究和作业面规划的审计表明，很好的应用了作业面规划的承包商和没那么好的应用作业面规划的承包商之间在生产效率上有 17%的不同。那些很好地应用了作业面规划的区域总共节约了 7.1 亿加币，比计划进度提前了 65 天完成工作。

项目 J：欧洲，2016 年，5 亿的预算，一半的项目区域在施工进行到一半的时候开始应用作业面规划：

每两个月做一次工具时间的研究，结果显示应用 WFP 的区域比没有应用 WFP 的区域在平均直接活动层面（生产效率）上高出 31%的。

以上只是目前我们研究的 30 个项目中的 10 个。业界有更多的应用作业面规划的取得正面效果的例子，以及应用高级施工作业分包理论带来的额外好处的例子。你要知道的要点是，目前建筑项目有机会可以应用高级施工作业分包理论极大地提高生产效率，时间，预见性，以及安全性。也许没多久，当生产效率管理的革命像安全和质量管理的进步路径那样前进时，项目经理就要为没有应用已被证明的最好的施工规范而向各方解释了。

其他行业也有类似的进步与变革过程。最早接受高级施工作业分包理论的人们看到了改变的好处，登上了变革的大船，那些拒绝改变的人会被潮流所抛弃，就像猛犸和恐龙。你的选择决定了你站在哪一边。

无论如何，我们现在看到的结果并不是每个月都提倡的不能达到的生产效率。那是多年努力工作，研究，发展，汲取经验教训而建立的项目建设的模型所给出的结果。我们合作过的一些公司已经达到了这样一个高度，他们认识到这是一个可持续发展的商业模式，而不是一个"可以拥有"的选项或卖点。

投资：

首先，让我们保持透明度，因为当我们把高级施工分包理论看作一种投资的话，我们将要披露的数字会带来超乎寻常的冲击。

让我们考虑一下投资回报（ROI），比如怎么样的退休计划投资让你觉得放心。对我自己来说，我觉的预期得到 5-10%稳定回报的蓝筹股投资是比较令人放心的，我的大部分的投资就放在那里。作为一个愿意但一定风险的人，我也拥有外资的起始银行/庞氏骗局/高利贷/南极金矿这样一些许诺回报率在 25-50%的投资。我认为那些就像是轮盘赌，也许就打了泡影，但是光想想也许梦想可以成真就很让人激动。

我们最近刚刚完成的项目前期投资 3 千万（计划，软件和行政），得到量化的回报是 3.6 亿。这是 **1100%**的投资回报率（ROI）。

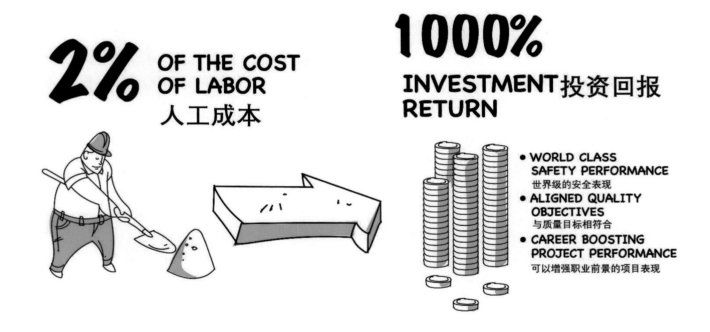

再加上：完美的安全记录，项目组成员的很多晚上的安稳觉，以及对今后十年内的职业前途有极大帮助的良好表现。

如果一个投资银行有一种这样股票，有连续十年的稳定的可预测的 1100%的回报率，这将会是投资业中的楚翘。好消息是这个投资并不限于确定的股票数量，或者是秘密泄露而引起的股价上涨。而是无限可能的成本节约机会，你只需决定什么时候投资就好。

可预测性：

应用 AWP 而带来的增强的表现和可能的成本和时间的节约给我们带来了一个新问题：项目管理的义务之一是预测，尤其是进度和成本方面的预测。因此虽然提前完成项目，不超预算很好，但是如果能预测结果，从而可以不被资金和进度所束缚，那就更好了。理想的项目是准时完成，并且所有的项目涉众都可以从可靠的调试日期和开始生产日期得到好处。

因此当我们应用 AWP 时我们该如何估算节约了多少成本和时间呢？保守地说，COAA 和 CII 已经证明了至少提高生产效率 25%，这已经被收入行业安装率标准了。以前 WFP 的目地是只应用于钢结构和管道，但是历史证明当所有的专业都应用 AWP 和 WFP 时，生产效率都有同样的提高。举个例子，我们知道在北美，应用 AWP 已经使管道安装率可以从每英尺 3.5 甚至 4 小时减少到**每英尺 2.6 小时**了，过去几年里已经有好几个项目达到这个结果了。在钢结构，电气和仪器仪表，土木专业上的生产效率也已经得到同样的提高，这意味着所有专业的生产效率都应该可以提高 25%。

然而，整个问题还是比仅仅简单地把预算减少 25% 要复杂一些，这是一个你需要得到这样的回报的投资。明显的投资成本是行政，作业面规划人员和软件（一共占总直接工时的 2%），还有一些工程设计和制造方面额外的成本和时间，因为工程设计部和制造部不仅仅只需要给出图纸和管件，还需要给出所有相关的信息并整理成作业包。这部分的成本每个项目是不同的，但是总的来说应该不会超过总直接工时的 5%。

所以让我们根据经验来推测（Wild Ass Guess，简称为 WAG）总结一下需要的投资：

一个 10 亿的预算，工期为 3 年的项目：

总的安装成本=10%的工程设计费用+50%的材料采购费+40%的人工。

工程设计成本为 1 亿加上 5 百万，时间是 18 个月再加上 20 天

材料采购费是 5 亿加上 2 千 5 百万，时间是 18 个月再加上 20 天

人工是 4 亿减去 1 亿，时间是 2 年减去 130 天

=节约 7 千万的成本和 90 天的时间（加上文件，材料和项目控制的间接和行政费用的节省），这比我们期望的 10%的 TIC 稍低一点，但是这依然是在可能的范围内。

为用这个方式达到节约成本和时间的目的，你还需要你的队伍为项目建立起优先秩序，目标，和全球观。这个整体的，"施工优先"的策略需要代替"本位主义"模式。这个"本位主义"模式在过去的几十年里已经让我们付出了很大的代价。很多时候工程设计和材料采购方面的优化是以增加施工成本为代价的。这个新的模型会帮助你避免这种不当行为。

第四章：AWP 快速入门指南

我猜想上次你买了一个电器或者一个"自己组装"的家具，它们带有一个有大大的示意图和说明的快速入门指南。这一章就是一个类似的关于 AWP 的快速入门指南。如果你只想使用 AWP，只是想建立一个 AWP 系统并且运行，但并不想成为这方面的专家，那么你只需遵照这一章的说明去做就可以了。如果你想知道 "关键要素" 和 "可由可无" 之间的区别，这一章也是一个很好的开始，因为这一章的内容是建立一个可扩展模型的关键。目前这个流程已经应用于业界的很多项目。如果你仅仅有了作业面规划人员，安装作业包和某种形式的限制因素管理（关键因素），你已经有了作业面规划的基本模型，这已经可以得到很多利益了。这个快速入门指南可以使你更进一步并且确认高级施工分包理论的关键元素。就像很多软件和新的电器，你只使用了他们的基本功能，但是如果你深入一点，更进一步阅读其他章节的内容，你会发现增强的模型有更多的用途。

快速入门指南： 高级施工分包理论的终极目标是在每个星期开始的时候，给每个工头一个"马上可以开始工作"的安装作业包（IWP）：作业范围已经确定，材料和工具已经备好，前期作业已经完成，脚手架已经安装好并且符合作业要求。

来自总监的期望是使工头和工人在计划的时间段里，按照计划所需的时间把计划的作业完成。得到的典型结果就是工作效提高 25%，项目的总安装费用降低 10%.

有很多方式可以达到这个状态。本指南是为确定核心因素而设计。为有效地应用高级施工作业分包理论（AWP），信息管理（IM）和作业面规划（WFP），这些核心因素必须满足：

a. 高级施工作业分包理论负责人
b. 高级施工作业分包理论流程规章

c. 3D 模型和制造的数据
d. 作业面规划软件
e. 作业面规划员
f. 安装作业包
g. 限制因素的排除
h. 项目控制
i. 现场执行

a. 高级施工作业分包理论负责人

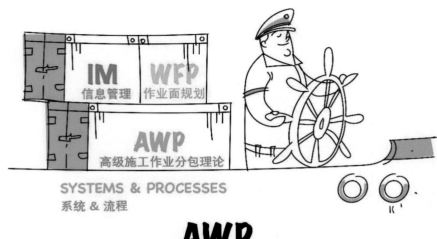

应用高级施工作业分包理论需要方向和指导，很像项目管理组织在项目中应用安全和质量模型一样。

任命项目管理组织里的高级施工作业分包理论负责人是建立有效的项目执行文化氛围的第一步。

作为项目管理队伍的一员，基于给整个项目带来利益的专一目的，AWP 负责人主要代表业主和协调所有的项目涉众的交付结果。

AWP 负责人起着项目指导，规范 AWP，IM,和 WFP 规章的执行，使工程设计部门和材料采购部门满足施工的需要，建立 IM 标准和规范，然后是作业面规划在现场建立和应用。

这个职位最合适的候选人是有施工管理经验的 AWP 和项目管理方面的行业专家。

b. 高级施工作业分包理论流程规章

- 作业面规划
- 信息管理
- 高级施工作业分包理论

为了使项目涉众遵从统一的方向，必须有一个标准。规章本身是不会使变化产生的，它们只是建立一个承诺的期望，并将在后期对规程做一个审计。理想的规程是专门的，具体的和可确认的：人员，内容，时间，如何，和原因，并且有流程图和模板。

规章必须重点阐述以下三方面的内容：

高级施工作业分包理论：合同用语，施工的优化路径，工程设计和材料采购包的顺序和项目控制的标准。

信息管理：一种标准，用于创建作业的细分标准（WBS），项目命名规则，数据的建立，WFP 软件的应用，3D 模型的界面，结构和参数的确定。

作业面规划：作业面规划人员，安装作业包，限制因素管理，现场执行，和项目报表。

c. 3D 模型和制造所需的数据

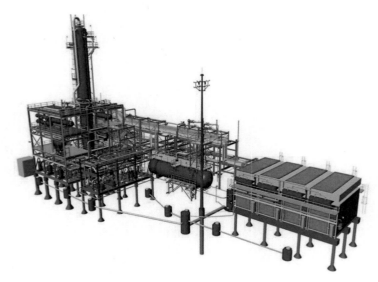

- 透视图
- 裁割图
- 装配图
- 电缆一览表
- IDF，PCF，和 CIS2 文件

带有所有参数的 3D 模型的建立和制造厂建立的智能数据已经在大部分项目中得到了应用。得到这些数据并且提供给 WFP 队伍促进了规划流程且建立了一个项目信息交流的坚实平台。

通常得到这些数据的流程必须要写进工程设计和制造的合同里，把它确认为需要交付的要求。然后项目管理队伍建立一个交付的进度表，确保项目数据完全的交付并且是保障是最新的数据。

通常 AWP 负责人和项目管理队伍需要帮助工程设计部门建立参数表，以此规范设计过程中 3D 模型的建立。这样施工队伍才能够在得到适合施工需要的数据。

d. 作业面规划软件

作业面规划软件是可以买到的商业软件，用于在 3D 模型的平台上组织安排项目数据，这样作业面规划人员可以在虚拟 3D 环境中建立和管理安装作业包（IWPs）。

这种软件还可以通过保存在系统里的单位安装率和信用规则来进行计划工时的计算。它可以结合项目进度表进行 IWPs 的 4D 模拟。

在开始 FEED 之前，AWP 负责人和信息部经理需要审查已经完成的 3D 设计模型，并且检查软件的各功能和兼容性，以找出最合适的软件。这部分的工作可以使软件更好地服务于 3D 模型，材料管理和文件控制。

e. 作业面规划人员

作业面规划流程的关键元素是在典型的施工组织中创建一个额外的职位。

作业面规划人员被指定来根据总监所定下的执行策略为工头建立工作计划。

一个作业面规划人员的典型要求有：

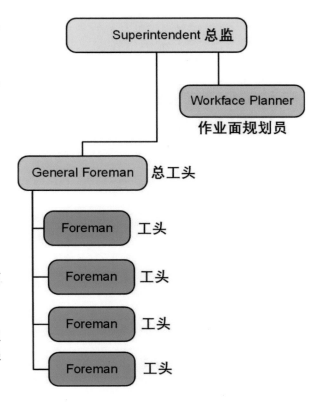

- ✓ 有技工背景，懂得具体安装过程
- ✓ 有工地监督和执行经验
- ✓ 有基本的计算机操作技能
- ✓ 是施工组织中的一员
- ✓ 直接向总监汇报
- ✓ 每个专业的总监都需要配备一名作业面规划员

当你确认了候选人选后，让他们注册一个作业面规划的训练课程（工头和总监也需要同时学习，这样他们才能理解作业面规划的具体内容）。

给每个作业面规划人员人手一册本书，要求他们在开始工作之前先阅读本书。

在每个作业面规划人员设置一个有办公桌，计算机和电话的公共区域。

考虑到工作的复杂性，规划人员和工地工人的比率大概应为 **1 比 50**。因为仪器仪表专业的复杂性，使得仪器仪表专业比捣混泥土或土建需要更多的规划人员。

f. 安装作业包（IWP）

安装作业包的模型是基于这样一个简单的问题：工头需要什么来执行作业？这个问题的答案就是 IWP 的内容。

单一专业安装作业包的通用标准是：

封面： IWP 的名字，计划工时和作业范围的 3D 图片。

紧急联系信息： 名字和电话号码。

限制因素： 列出所有需要满足的条件或需要排除的阻碍。

工作内容描述： 基本的工序和作业内容描述。

安全： 工作内容的具体的安全要求。

质量： ITP 要求的签字和检查。

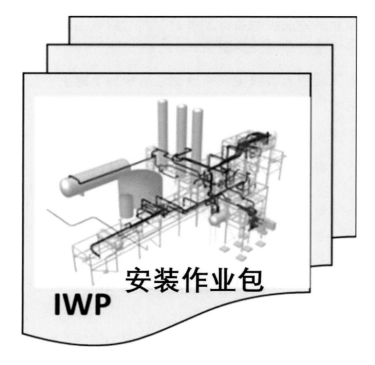

文档： 所需的技术文件的完整列表和所有所需文件的复印件。

材料： 所需的材料的完整列表并且确认所有材料已经收到。

通行： 许可证，脚手架，预先要求完成的工序，和技术工人的调度。

设备： 具体列出所有需要的特殊工具和设备。

进度表： 进度表的复印件和工作内容的准确的成本编码的列表。

延误编码： 延误编码列表以及说明如何记录超出计划的工时。

进程： 进程矩阵，显示了部件，完成状态和计划工时。

进度表： 3 星期展望的复印件，显示了一个 IWP 和它相关的所有 IWPs。

完成： 工头记录所有没有完成的作业和得到的教训。

工作量和内容： 一个 IWP 应该包括多少作业内容呢？

从一个工作周期来说，大概 500 工时左右，具体情况还需具体调整。一般说来，小一些的作业包对工头有利一些，容易追踪，容易完成，也可以指导特殊工序的执行。

建立 IWPs： 选择一个计划要在未来 90 天内开始执行的施工作业包，请总监和规划人员坐在一起描述一下整个施工作业应该怎么划分和排序。

规划员应用 WFP 软件在 3D 环境中建立 IWPs，给出每个 IWP 的工作内容的草案，然后总监审阅和批准这些作业划分和排序。然后规划员搭建 IWP，对确定的工作内容来建立 IWP 的每个部分并组装成完整的安装作业包。

g. 限制因素的排除

限制因素排除和管理的过程是典型的施工执行的方法的一种变化。黄金准则是除非所有的限制因素都不存在和"万事俱备"，否则 IWP 不能被移交给现场执行。

一个 IWP 中的关键限制因素一般为**工作内容，文档，材料和确认所有 RFIs 的技术审查。**当所有这些问题都解决以后，IWP 就可以移入备用库，直到这个 IWP 进入 3 星期展望。这时候启动发现第二轮限制因素的行动：脚手架，施工设备，安全，质量，人工资源，和前期工作。

以上整个过程都由作业面规划员在软件 ParkTrack 里管理（下图），数据存储在项目云数据库，整个项目可以在作战室里打印副本以共享这些数据。

当所有的限制因素都被排除后，IWP 通过了大门，准备好被执行了。

				90 Day Planning 90 天计划			IWP Assembly IWP组装				3 Week Look Ahead 3星期展望计划										
		Weeks prior to execution 执行前星期数		12	12	12	4	4	4	4	3	3	3	3	3	2	2	2	1	1	-1
CWP PE3-57	IWP	Description 说明	Planned Value 计划工时	Scoped 作业内容已确定	IWP Created in 3D IWP已在3维模型中建立	Inserted into L5 Schedule 已加入第5级时间表	Documents IFC IFC已记录	Materials Available 材料已准备好	Technical Review (RFIs) 技术审查	Enter Backlog 移入IWP存储库	Enter 3 Week Look Ahead 加入3周展望计划	Bag and Tag Material 材料打包和贴标签	Request Scaffold 要求脚手架	Request Cranes & Equipment 要求起重机和设备	IWP Hard Copy IWP纸质打印件	Safety 安全	Quality 质量	Resources Confirmed 人力资源确认	Preceeding Work Confirmed 确认可以发布	Issued to the Field 发布给现场	Work Complete 作业完成
Civil 土木																					
PE3-57-EW																					
Grade 整地	PE3-57-EW-01	Survey for Grade 地坪测量	840	✓	✓	✓	✓	✓	✓	✓	✓	✓	✓	✓	✓	✓	✓	✓	✓	✓	✓
	PE3-57-EW-02	Strip Top Soil 剥离顶部土壤	1340	✓	✓	✓	✓	✓	✓	✓	✓	✓	✓	✓	✓	✓	✓	✓	✓		
	PE3-57-EW-03	Grade to Elevation 1 整地到标高1	890	✓	✓	✓	✓	✓	✓	✓	✓	✓	✓	✓	✓	✓	✓				
	PE3-57-EW-04	Grade to Elevation 2 整地到标高2	730	✓	✓	✓	✓	✓	✓	✓	✓	✓	✓	✓	✓	✓	✓				
Piling 柱	PE3-57-EW-05	Survey for Piling Placement 排柱测量	620	✓	✓	✓	✓	✓	✓	✓	✓	✓	✓	✓							
	PE3-57-EW-06	Mobilize Piling rig and materials 柱和材料进场	450	✓	✓	✓	✓	✓	✓	✓	✓	✓									
	PE3-57-EW-07	Install Piles North Side 北侧柱安装	980	✓	✓	✓	✓	✓	✓	✓	✓										
	PE3-57-EW-08	Install Piles South Side 南侧柱安装	730	✓	✓	✓	✓	✓	✓	✓	✓										
	PE3-57-EW-09	Cut and Cap Piles North 北侧柱切割和盖帽	860	✓	✓	✓	✓	✓	✓	✓											
	PE3-57-EW-10	Cut and Cap Piles South 南侧柱切割和盖帽	1250	✓	✓	✓	✓	✓	✓	✓											
PE3-57-CO	PE3-57-CO-01	Survey for form work 模板位置测量	820	✓	✓	✓	✓	✓	✓	✓											
Formwork 模板	PE3-57-CO-02	Excavate for form work 模板挖掘	1420	✓	✓	✓	✓	✓	✓	✓											
	PE3-57-CO-03	Install form for EB-43 EB-43模板安装	850	✓	✓	✓	✓	✓	✓	✓											
	PE3-57-CO-04	Build Rebar cage EB-43 EB-43钢筋笼建立	640	✓	✓	✓	✓	✓	✓	✓											
	PE3-57-CO-05	Construct Forms for CG3-9 CG3-9模板施工	790	✓	✓	✓	✓	✓	✓	✓											
Rebar 钢筋	PE3-57-CO-06	Build Rebar cage CG3-9 CG3-9钢筋笼建立	550	✓	✓	✓	✓	✓	✓	✓											
	PE3-57-CO-07	Pour EB-43 and CG3-9 EB-43和CG3-9浇筑混凝土	350	✓	✓	✓	✓	✓	✓	✓											

h. 项目控制

项目进度表：当前面提到的 CWP 进入 90 天的窗口期时，作业面规划员将召集总监开会把 CWP（第 3 级活动规划）划分为 IWPs（第 5 级活动规划）。作业面规划员把 IWP 按总监的执行策略排序，然后把这些安排作为 IWP 的移交计划交给调度员。此时的第 5 级进度表只包括了组成 CWP 的 IWPs 和重要里程点。通常我们不制定第 4 级活动规划的进度表，但是如果成本管理部门需要的这个级别的追踪，我们依然会制定第 4 级活动规划的进度表。

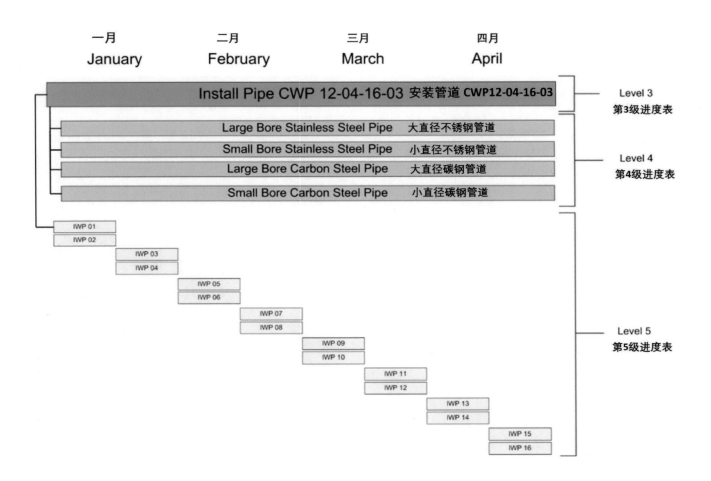

所得工时管理：计划工时（Planned Value – PV）对所得工时（Earned Value）的追踪和确认是一件一定要做的工作，尤其是如果你还没有做的话。这是明白以下问题的关键回答的基础：已经完成了多少？还有多少没有做？还需多少成本？还有多久才能完成项目？WFP 软件会帮助你计算钢结构和管道的 PV，其他专业的数值将来自于项目控制部门，所以让项目控制部门知道你需要这些数据。PV 必须列在每个 IWP 的封面上。

3 星期展望： 在制定第 5 级施工进度表时，总监创建 3 星期展望表，这个表需要每星期更新，存储库里没有任何约束因素的 IWP 将会按时间被移入这个 3 星期展望表。这个时候规划员启动材料的第一次要求：材料需要被分包和贴上标签，脚手架需要被组装。然后项目管理队伍把所有专业的三星期展望表总结在一起，建立一个整个项目的三星期展望表。

i. 现场执行

所有这些努力的成果累积在一起，结果就是所有 IWPs 都将没有任何限制因素并且"准备好被执行"。然而这并不是终点。作为现有环境的受害者，你会发现大部分工地总监习惯于口头命令。如果你想让他们转变习惯来相信计划，你必须挣得他们的信任并且指导他们怎么考虑一星期的计划而不只是考虑每天的工作。

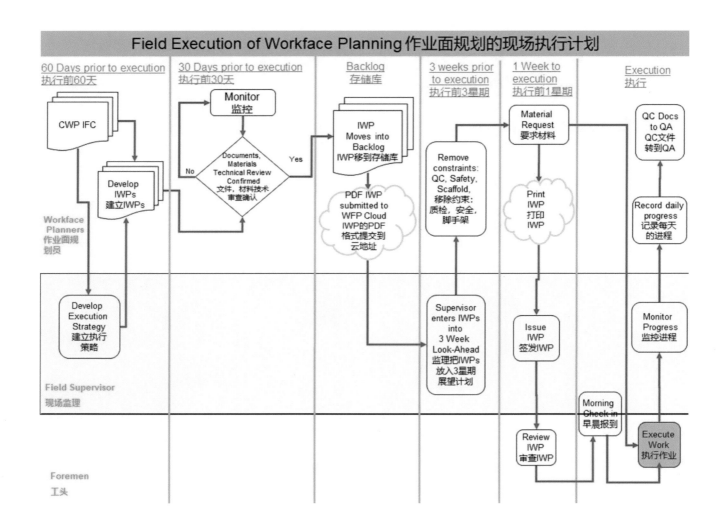

上面的流程图显示了 IWP 需要在作业开始一星期之前被打印出来，移交给工头。这样工头在按顺序进行作业前可以有一些准备的时间，从而可以使这一星期的作业得以顺利完成。

另一个重要的步骤是每天早晨在工人到达工地之前组织一个 15 分钟的检查会议。工头们和他们的总监碰头，把这一天的第 6 级活动规划挂在白板上。随后每天早晨工头都要根据计划来更新他们的进度。总监监督他们的进度并且指导工头们在这个星期的时间窗口内完成 IWPs。

这听起来很简单，这其实也确实很简单。一个好的总监已经在这样做了，但是你仍然不能掉以轻心，如果所有的努力建立起来的 IWPs 在这最后一个步骤掉了链子，这是不可原谅的。

重要的是每个 IWP 都有一个使用日期，通常是每个星期的最后一天。IWPs 必须在这天被交还给规划员，这样规划员可以把 IWP 里所有没有完成的工作内容放入一个剩余工作（清场）工作包里。IWPs 的完成和交回的时间是启动 QC 认证的时刻，QC 认证可以确保作业达到所有的标准并且被彻底完成，这样整个过程就真正结束了。

第五章：高级施工作业分包理论

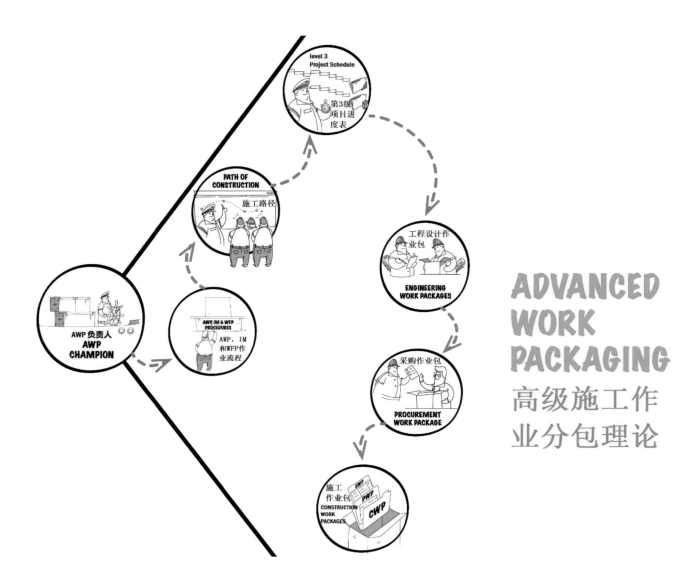

a. AWP 负责人
b. 信息管理
c. 工作流程
d. 作业细分结构
e. 施工路径
f. 第三级进度表
g. 工程设计，材料采购，和施工作业包

高级（Advanced）：发展进步，超前思维，非常规，尖端，创新，激进

施工作业（Work）：职责，设计，创建，艺术作品，杰作，产品，手工艺品，出品

分包（Packaging）：包装，装订，包含，包括，联系，表达

在本书开始就讨论过，高级施工作业分包理论（Advanced Work Packaging）从字面上就表示这个作业流程包含了超前思维和项目开端的意思。按照 CII 的 272 研究小组提出的定义，高级施工作业分包理论是对在项目开始阶段的把工程设计和施工方式放在一起考虑的一系列工作的一个合适的描述。我认为这个概念应该有以下一系列子概念：

- 项目的施工按作业包来执行
- 如何统一考虑工程设计，材料采购和建筑施工
- 作业面规划的基础
- 按顺序进行快速追踪（平行）施工执行
- 作业包的语言
- 快速追踪项目的作业包
- 作业分包的规则
- 怎么把工程设计和材料采购统一考虑，从而使得建筑施工可以按顺序地，有效地，准时完成地，成本最少地进行，同时还具有最优化的安全和质量。

AWP 的简单定义是在一个建立好的施工模型下的一组作业：接收图纸，模型和材料，使得作业面规划得以实施。

逻辑上来说，在项目里实行 AWP 是从指定 AWP 负责人开始的。这个人的责任是建立 AWP，IM, 和 WFP 的工作流程，并且指定信息管理经理负责建立工作细分结构。统一考虑工程设计，材料采购和施工作业包的工作细分结构的逻辑是建筑施工策略研讨会的需要讨论的关键问题。按照建筑施工策略可以建立由 EWPs, PWPs, CWPs 和主要设备组成的第 3 级进度表，这也是建立基于作业包的施工文化的基础。

在上述发展过程中，负责人的另一个职责是规范所有的行为，使得它们支持所有规则流程的实施。

说起来还是很容易的。

但是考虑一下数量级，比如一个 10 亿元的项目，如果一切顺利的话大概需要 6 个月的时间来建立 AWP 的流程和氛围...然后是在整个项目期间的日常管理。

a. AWP 负责人

AWP 负责人的任务是确定在项目中实施 AWP，并且着手 AWP 的建立和执行的流程，这个流程将会贯彻指导项目始终。

需要重点注意的是，AWP 的成功执行有一个前提，那就是需要有一个真正的项目管理队伍（PMT）。PMT 通常包括业主，第三方 SMEs 和来自于工程设计，采购，和施工组织的代表们。整个项目成功的公认条件是给独立存在的 PMT 一个正确的平台来驾驭 AWP。这跟我们在工程设计或材料采购的方面花钱引进一个系统是同一个意思。

负责人：我其实并不觉得"负责人"是个合适的职位名称，也许你可以找到更好的称谓。它的意思并不是说这个人在 AWP 方面是最好的，而是这个人是最终负责来赢得整个过程的。负责人是帮助和支持所有与 AWP 相关事物的那个人。

理想情况下，负责人向 AWP 资助人负责，资助人是项目管理部门的执行人员。这给了负责人在项目中去执行 AWP 的许可，从而可以期望项目是 AWP 兼容的。

结合 Eric Crivella 和 Yogi Bera 的名言："AWP 的 应用是 90%的社会学，其他的才是专业工作"。因此，负责人必须有个人经验知道整个过程是怎么工作的，他必须是一个非常专注于"施工优先"，坚持原则，善于交际的，并能影响其他人的行为的人。

b. 信息管理经理

信息管理经理的指定是 AWP 负责人的最先要做的任务之一。完整的职责描述和规则将在下一章详细讨论。

c. AWP, IM 和 WFP 的工作流程

AWP 负责人的早期任务之一是建立和推出 AWP 执行计划书，计划书中列出了所有的主要里程碑，事件的顺序，和成功标准。AWP, IM 和 WFP 工作流程的建立将是这个计划书的基石。

信息管理经理和作业面规划经理的加入可以促进这个过程。信息管理经理和作业面规划经理都直接隶属于 AWP 负责人。

即使有了 AWP 负责人，信息管理经理和作业面规划经理，但是要从一无所有开始建立整个工作流程依然是很艰巨的。然而，总有一些资源可以提供帮助。COAA 和 CII 的网站上有很多例子，也可以从业界施工服务公司得到一些第三方通用作业流程。关键是最后要得到一系列为本项目'量身定做'的规章流程，确认每个人的职责，要取得什么的成果，训练计划如何制定和怎么考量和监控工作成果。

目录：

规章流程的内容是定义每个人在每个时间段的职责以及如何履行这些职责，规章流程需要包含以下几个关键内容：

高级施工作业分包理论：

- 目的和目标
- 定义
- 合同语言
- 作业细分结构
- AWP, IM 和 WFP 的概述
- 主要项目涉众的支持 AWP 的职责
- 项目管理队伍
- 3 维模型
- 投标评估
- AWP, IM, WFP 的启动和经验教训
- AWP, IM, WFP 的项目发展路线图
- 施工的优化路径
- EWP， PWP 和 CWP 的发布计划
- 第 3 级项目进度表
- E，P 和 C 作业包的执行战略
- 审计
- 规章流程的维护修订

信息管理：

- IM 概述
- 执行策略

- 项目术语
- 硬件和基础设施
- 概念的证明
- 作业面规划软件
- 标准模型属性参数
- 项目控制
- 文档控制
- 采购和材料管理
- 模型维护

作业面规划：

- WFP 概述
- 执行策略
- 作业面规划员
- 安装作业包
- IWP 发布计划（第 5 级进度表）
- 约束解除
- 存储库
- 3 星期展望
- 项目控制
- 文档控制
- 材料管理
- 安全
- 质量
- 现场执行
- 工具时间
- 第 6 级（每日）进度表
- 承包商
- 测试和调试

合同语言： 规程将会是工作流程的支柱，且能更好地描述项目涉众的具体职责。在建议和合同的要求书里用较强势的语言来确认 AWP 的职责以便令人印象深刻。合同里必须确切写入与 AWP，IM 和 WFP 规程同轨的要求。但是把具体说明放在规则流程里，而不是合同里。这样可以提供在合同之外选用适合项目发展现实的应用理论的灵活性。

持续改进： 一旦你的团队第一次安全地完成了 AWP 的应用，之后在吸取经验教训的持续改进过程中规章流程就是主要的角色。我们的经验是把这个过程叫做教训记录。直到这些教训被结合进改进的规程里，才能被叫做吸取经验教训。

整体思维： 持续学习的概念中的难点之一是，我们经常把项目中的不完善看作是坏事，因为害怕它们被看作个人错误而把这些不完善掩盖起来。虽然因为"掩盖"而维护了管理团队的声誉，但是这样做对分享经验教训是有害的。在我的职业生涯的早期我就意识到我不可能活的够长以致可以亲身经历到所有我需要的失败，所以我最好学会怎么从别人的失败中学习。我发现这点很有效。当然仅仅只有其他人（或者我自己）愿意分享这些错误才行。

在我们的项目执行的世界里的缺陷通常是系统故障的结果，项目领导层不能够看到因果的整个环节，所以虽然他们是出于好意，以为他们自己做的很好，但实际上却不停地做着对项目不利的事。

虽然其他部门也一样，但是这里让我们以采购为例。

采购部经理知道他必须让建模场每个月完成和运出 5 个模块以满足进度表，所以他把这个目标作为条件写进了合同，并以此建立了进度的里程碑。工程设计是上下两个模块堆叠，大部分的管道和设备处在下层的模块，而电线盘处在上层的模块。

当建模场发现下层的模块的材料没有到位时，问题出现了。为了达到每个月完成运出 5 个模块的要求，建模场开始生产更多的上层模块（容易的），更少的下层模块（困难的）。他们还出场了一些没有完成的，需要在现场完成最后一步的模块。就这样他们完成了每个月 5 个模块的生产率，除了工地现场的工人，每个人都很快乐。工地现场的工人收到了大部分的上层模块和一些没有完成的下层模块。他们不得不在工地旁边租了一个 100 英亩的场地来存放所有的上层模块，一直到它们对应的下层模块运到工地，才能把它们安装上去。这意味着我们要运模块两次，而且为了将就现有的人工而不能按顺序摆放。这样工地现场不得不开始一连串的'迂回方案'。这降低了生产效率，并且工地现场为了那些没完成的模块增加了昂贵的工时。

现在回头想一想，问自己一个问题，"为什么我们要在工场里建造模块和安装管道"？简单的回答是，在一个可以控制的环境里建造模块和安装管道更安全且有更好的成本效益。所以，如果：

工场/车间=便宜和快速

对应

工地现场=昂贵和缓慢

那么

建立和容许一个把作业从可控制的工作环境（工场/车间）移到动态工作环境（工地现场）的系统的原因是什么呢？

如果存在争议，那是因为我们需要一个稳定的工作流程，从而可以在工地上建立一个持续的前线作业流。现在试试这个问题：对持续的现场作业流来说，缓慢昂贵比便宜快速更好吗？当然不，项目不是成立来使人有工作可做的，（大部分时候）项目意味着结束，比如建设了一个可操作的厂房。工作没有效率的问题是由开始太早和没有维持一个作业存储库引起的。就像你的投资顾问会告诉你的那样：你能做的最后一件事是把钱投入无底洞，花冤枉钱。但是我们的目地是要解决问题，而不是要产生新问题。

如果以上情形听起来很耳熟，首先不要责备你自己。如果你被卷入了这些个漩涡，那只是因为你想当然地以为自己在做着正确的事，正在给项目的成功添砖加瓦。问题的根本起因是双重的，我们强行要求项目管理开始的越早越好，同时我们通常不明白系统是怎样工作的。

项目的目的不是在开始，而是在完成。 所以现在先把施工放一放，先考虑停产维修的情况。你会在需要的资料和材料只有一半到位的情况下开始停产维修吗？不可能是吧。所以不要在施工中做同样的事，不然会得到同样的结果。

每个系统都是为它的目的完美地设计出来的。

这是一个深刻的声明和对我们的警示。因为这暗示着如果我们设计了一个系统，而此系统却给出了跟我们意愿相反的输出，那就是我们没有处在正确的道路上。

我们想要降低项目的成本和时间，所以我们设计了一个系统，把没有完成（你会发现）的模块不按顺序地运到一个人工极昂贵和没有储存空间的地方。WTF？（你可以认为这是污水处理厂 Water Treatment Facility 的意思，而不是一句骂人的话）。

出现这种情况是因为没有整体思维。整体思维是完全地明白我们想要取得的目的（有效的项目执行），和每个部分（E,P 和 C）对全局的贡献，也称为系统思考。

如果这是你的项目的目的之一，如果你能找到一些人愿意承认这个错误并且愿意讨论它，那么这对我们将是一个奇妙的学习机会。但是事实经常是我们不愿意讨论我们的错误，甚至不认为这是一个错误，这才是问题关键。

当你确实成功地建立了这样的一个环境：可以从错误中学习前进，没有指责，确实找到引起问题的根本原因并且依此把正确的解决方法写进规程。这才是吸取了"教训"。

d. 作业细分结构

作业细分结构（WBS）- 整个项目的所有部件具体安装工序的一个分级表示。WBS 帮忙把作业，时间和成本的联系在一起，这个联系是组成作业分包理论，进度制定和成本编码的基本要素。

就像名字所示那样，WBS 是基于操作**作业**的项目的分解图，不是成本，进度，采购或设计。它的终极目标是为施工统一操作作业，时间和成本。

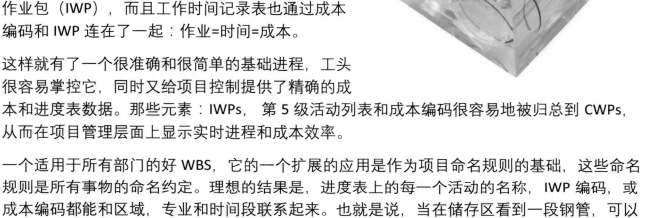

这是 AWP，进度的建立和成本管理的根本基础，他们可以促进或妨碍你掌握和管理项目的能力。

当我们指导工头接受 IWP 编号并把它用作工作时间记录表的成本编码时，才是真正地把作业和时间和成本统一在一起。同一个 IWP 编号也用于进度表上代表作业的活动。这样进度表上的活动也就是安装作业包（IWP），而且工作时间记录表也通过成本编码和 IWP 连在了一起：作业=时间=成本。

这样就有了一个很准确和很简单的基础进程，工头很容易掌控它，同时又给项目控制提供了精确的成本和进度表数据。那些元素：IWPs，第 5 级活动列表和成本编码很容易地被归总到 CWPs，从而在项目管理层面上显示实时进程和成本效率。

一个适用于所有部门的好 WBS，它的一个扩展的应用是作为项目命名规则的基础，这些命名规则是所有事物的命名约定。理想的结果是，进度表上的每一个活动的名称，IWP 编码，或成本编码都能和区域，专业和时间段联系起来。也就是说，当在储存区看到一段钢管，可以从它的编码上知道它在地理上属于哪个 CWP，并且可以在进度表上查到这个编码，从而可以知道它大概什么时候会被安装。

你可以带着打印出来的进度表去储存区（材料在储存区是按 CWP 来摆放的）看看哪个活动需要最多的材料。同样可以检查进度表上每个活动实际使用的时间。成本编码数据会告诉你上个星期谁在做什么作业，告诉你是否一切正在按进度进行，跟预算相比的话效率如何。

当所有这些在项目中实现时，你会觉得奇怪为什么你的上一个项目那么困难，为什么那个项目需要那么多人做项目控制。最主要的，当抛弃了以前那些使人晕头转向的成本编码后，工头会感谢你使他们的工作简化了。

对那些正在阅读本书但是还没有机会参与大型项目的读者，抱歉我说的那么直白。虽然很难相信，但是我们的项目目前就是这样组织的。目前很多状况是，进度表上的活动采用只有调度员才明白的独特的命名法则。这些活动的名称跟这些作业的执行方式没有任何联系。成本由成本编码来追踪，但是这些成本编码的命名法则只是为了满足会计事务。施工方面只能随便检一个活动执行，然后把这个进程胡乱归纳到一个进度表活动和一个成本编码中，因为施工方完全不知道这些个代码表示什么意思。

这很悲哀，但是也很可笑。

回到 WBS 的建立，在开始讨论以前有两个关键的讨论可以给你启示：跟工程设计部的讨论和跟项目控制部的讨论。这两个部门都有他们的关注目标，都需要对建立的 WBS 满意，但是他们需要对作业细分结构的设计参与意见。一般来说，我们从确认工程设计喜欢怎么划分他们的设计系统开始，工程设计大概可以给你一些类似这样的结构：

1- 桩子
    1- 压力/螺旋
    2- 切割和加盖
2- 土建
    1- 修路
    2- 涵洞
    3- 回填
    4- 挖土
    5- 基础填层
    6- 接管
    7- 画线
    8- 围栏

当问到项目控制队伍他们是怎么确认成本报告的要求时，他们的标准回答更趋向于想要知道对于某一部分作业的预算，承包商的实际工作时间是多少。更进一步的回答可能是在项目结束后还想要一个安装率的数据库，这样可以帮助以后更好地做出预算。

最后对于成本编码，大概可以得到类似于下面这样的例子，成本按照合同和区域来分类：

合同	区域	
8114	001	桩
8114	002	土建
8114	003	地基

有时候底下还有一层，比如区分大直径管道和小直径管道，或者区分重型钢材和轻型钢材。

现在，让我们假设承包商和专业是结构中最底下的那层。

更往上的分类也许包括成本类型：资产或生产和项目，成本中心等等。它们对管理财力的人来说都很重要，但是对我们这些只关心项目的作业内容的人来说是不需要考虑的。

当把施工的逻辑加入到这个矩阵中，且把 CWPs（地理区域）映射到工程设计和成本的分类方式上时，就开始了统一的过程。当点亮了每个人的思想，使他们意识到工程设计，成本管理和作业执行都有着类似的分类，只是有些稍微不同的边界和名称时，通常就能够建立一个统一的平台了。

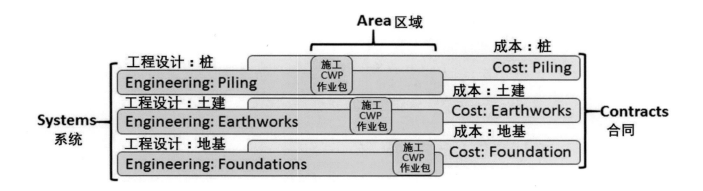

上图是一个简单的矩阵，显示了经过一点点设计，通过确认施工作业包（Construction Work Package）为媒介，WBS 可以同时满足工程设计，成本和作业。

为了帮助大家理解 WBS 的不同分层，必须要有一个 WBS 库，这个 WBS 库看起来是这样的：

厂区（Plant）：这个项目的子项目或者就是整个项目，厂区通常由工艺流程或地理区域来确认。是组成一个独特的工艺流程的一系列的基础设施。通常比如界区内（Inside Battery Limits – ISBL）或者界区外(Outside Battery Limits – OSBL)。

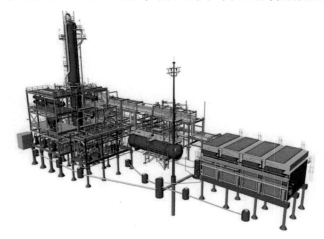

施工作业区 （Construction Work Area - CWA）：由施工策略定义的作业的地理划分。它包括所有的专业，但是电缆和地下作业不包括在内。电缆和地下作业同样按工作区域划分，但是他们是贯穿整个项目的。每个 CWA 有边界。这个边界是由跟施工作业相关的逻辑来定义的。CWA 是第 2 级进度表中的活动。

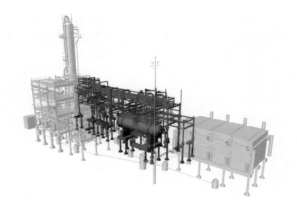

施工作业包（Construction Work Package - CWP）：CWA 的一个单独的专业，是一个小于 40,000 工时的施工逻辑单元。CWP 是 WBS 的一个部分，是项目进度表中的单一的第 3 级进度表中的活动，在准备施工时是单个专业 EWP 和 PWP 的下游产物。作业单元的定义需要满足：CWP 不能重叠，能够作为合同里作业的边界。每个 CWP 都会被作业面规划员细分为一系列 IWPs。

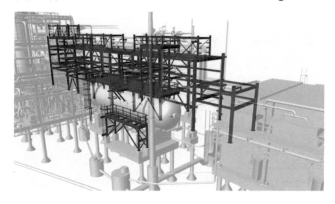

工程设计作业包（Engineering Work Package - EWP）：工程设计部的交付内容，包含单个专业施工作业包（CWP）所需要的所有设计数据的单个专业的设计资料：作业内容，图纸，材料清单和规格，以电子文件的形式，包括 PDF 文件和 3 维模型文件。EWPs 要按顺序建立和交付以满足施工的要求，同时也促进采购的有序性和 CWPs 的执行。单个专业 EWP 在进度表上表示为一个第 3 级进度表活动。

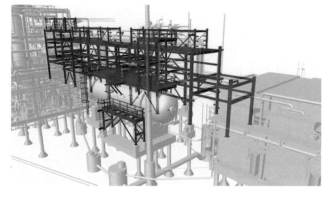

采购作业包（Procurement Work Package - PWP）:采购部的交付内容，包含了单个专业 CWP 要求的所有材料。典型的一个单个专业，比如管道和钢结构，PWP 会变成离散的制造作业包，制造作业包需要能够作为一个独立的配件组来进行加工和交付使用。

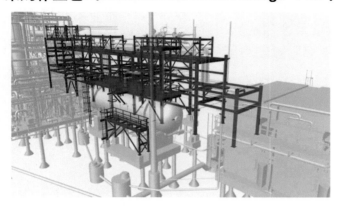

模块作业包（Module Work Package - MWP）:单个专业的 EWPs 的一组子集，包含了单个模块所需要的所有专业的全部的用于施工（Issued For Construction – IFC）的工程设计数据。一组模块（<10）是一个 CWP。对于一个由模块组成的 CWP，钢结构和管道的 EWPs 会变成离散的制造作业包，制造作业包确认了模型的 CWP（一组模块）中所有的管件和钢构件。

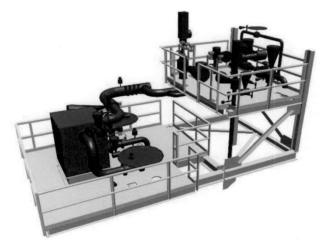

安装作业包（Installation Work Package - IWP）:去除了所有约束条件的一个分离的部分，可以被一个工头和他的队员在 1 个 5 天的工作时段里执行完成的施工作业。IWP 是从单个专业的 CWP 划分而来，通常由一些图纸组成。每个 IWP 是单个专业第 5 级进度表上的一个活动。

项目命名法：

WBS 的创立和 WBS 库的建立需要对作业包进行项目命名法的识别，这样可以追溯 WBS 的级别。作业包，图纸，管件，钢组件和其他的部件都可以使用同一个命名法，把图纸号放入 IWP 编号中。

WTF-I-12-E4-C05-14

WTF- Water Treatment Facility (Plant)   水处理设备（厂区）

I-ISBL: O-OSBL 12 - CWA

E – 主要专业(土建 Earthwork) 4 – 子专业(挖土方 Excavation)

C05 - CWP (C- 施工 Construction, E-工程设计 Engineering, M-模块 Modules, F- 制造 Fabrication, P-采购 Procurement)

14 - IWP

or 12006.1 – 图纸号和管件号 Drawing and spool

作业细分结构 （Work Breakdown Structure）

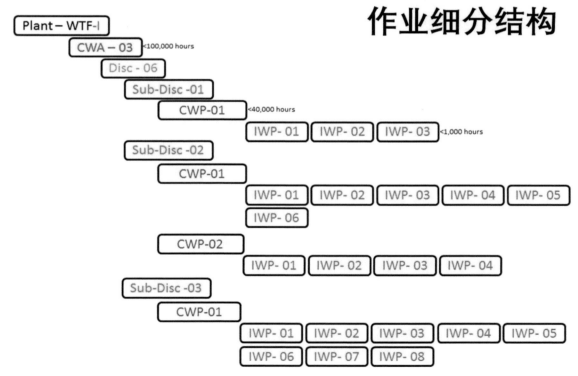

e. 施工路径（PoC）

PoC 是优化的建造顺序的方式，它基于 CWPs 的发布顺序，而 CWPs 的发布顺序是按照主要设备和模块的设置安装顺序来的。在前期工程设计（FEED）时就开始确定这个方式，比如在地区图上 CWAs 的标识和一般的作业流程，通常是按照主要设备的设置安装和起重计划来定。初始的施工路径是在促进互动的计划时段里建立，只需要包括地基，钢结构，管道，主要设备和任何需要很多工时的构件的 CWPs。它们是有着最长建设周期的活动（工程设计和采购的关键步骤）。其他活动可以计划在这些关键活动之前或之后，因为它们不会影响施工的开始。

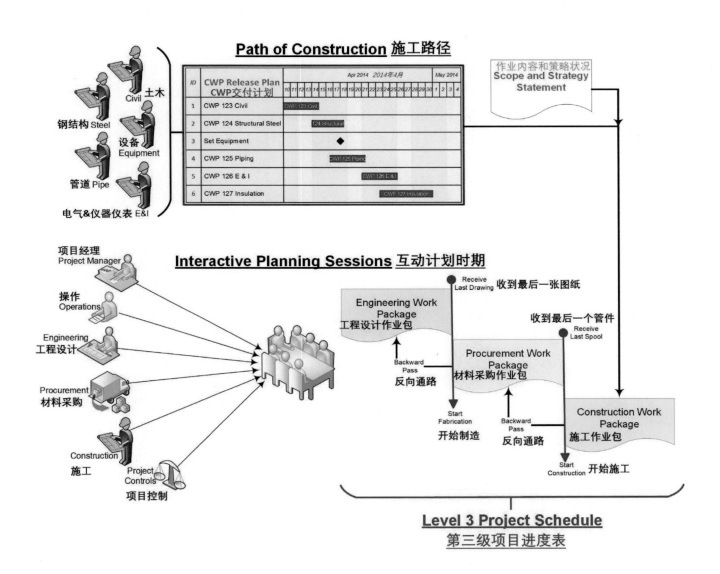

互动计划时段（Interactive Planning Sessions - IPS）

根据 PoC 可以制定出 CWP 发布计划，CWP 发布计划是 IPS 的平台。从每一个 CWP 的开始时间和持续时间段往前推就可以设置采购活动（PWP）的开始时间和持续采购时间段，而采购开始时间就是工程设计活动（EWP）的结束时间。当每个 CWP 用不同颜色的便利贴在墙上的挂着的进度表上标示出来后，项目进度表就产生了，然后可以设置工程设计和采购的交付日期。互动和迭代的过程允许工程设计部和采购部根据他们自己的困难条件修改 CWP 的顺序和交付日期，这样就产生了一个把 EWPs 和 PWPs 和 CWPs 联系在一起的显示执行顺序的终极版路线图。

以上步骤引出了 PoC 的另一个重要结果，那就是逻辑。如果我们将按照作业包来施工，那工程设计就必须按作业包（EWP）进行，采购也需按作业包（PWP）进行。这是我们最先发现的几个难点。

工程设计的本质是按系统来设计流程。从压力容器开始，然后连一根管道到另一个压力容器，这意味着其实是不能真正地按照区域来设计的，比如先设计一个区域的，然后再设计另一个区域。但是在 AWP 空间里，设计结果却需要按区域交付。

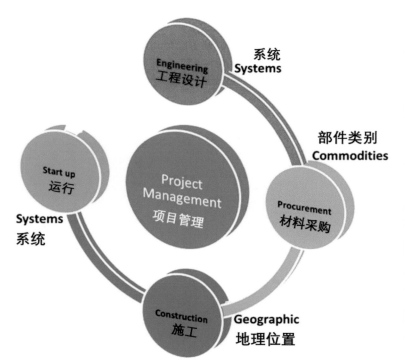

类似的问题也存在于采购中。通常采购是按照部件类别编码进行的，买下整船的钢原料和管材来作加工。制造厂喜欢首先加工重型钢材或大尺寸管道，这有益于制造厂提高效率，但是不利于按地理区域施工。在应用 AWP 的环境里，采购部门依然可以像以前那样整批地买入原材料，但是管件，钢构件，和所有的其他构件的最后交付必须按照规划好的 CWP 来。这表示工程设计和采购都面临着与长期以来施工方面面临的同样的困境：施工方面喜欢按照区域一批批地来建设，但是他们不得不按照系统来调试。

非常感谢我的好朋友 Ted Blackmon，有一天晚餐时他在一张餐巾纸上给我演示了这个进退两难的难题。他帮助我了解了在我们确实需要用更聪明的方法来优化 E,P 和 C 的生产率的同时，也需要认识到必须按接收者需要的格式和顺序来交付结果。

任何这些关系都可以归类为传统的客户-供应商模式，客户是供应商的货物或服务的接收者，也就是说施工方面是工程设计和材料采购的客户，在这种情况下，我们可以把业主认定为客户，而项目管理队伍扮演了客户服务经理的角色。

这是在项目中内部客户和供应商互相依赖的很多例子中的一个，组织中的一些成员必须依赖于其他成员或队伍的交付成果来完成他们自己的任务。

简单来说，我们可以把电气专业看作是管道专业的客户，管道专业是钢结构专业的客户，而钢结构专业是土木专业的客户。每个专业都需要前一个专业很好地完成和调试它们的产品使它们的产品符合设计目的，这样这个专业才可以开始它们自己的工作。

当我们检视任何单个的部门的组织结构图时可以发现，这样的关系也同样存在。典型的例子是技工依赖于他们的工头提供给他们信息，工具，材料和许可证，这样他们才能执行他们的作业。工头依赖于他们的总工长或者总监，把他们看作供应商。而总监依赖于部门中的其他人提供的材料，文档，工具，施工机械，和进度表，这样他们才能执行工作内容。

这个逻辑是古老的项目管理标准的基础，这说明了如果你的组织不起作用，那么修正你的组织结构图，（使得每个人都可以知道他们的客户是谁）。

同样的原理，我们应该把生产部看作施工部的客户，施工部是工程设计部和材料采购部的客户，材料采购部是工程设计部的客户。这很好地描述了必须认识到并且在施工起主导作用的项目中各部门的关系。

很多年以前，我从一个商业建筑施工（学校）的模式中知道这个关系。在这个模式中，施工承包商是主导方，他们也从事工程（设计）和材料采购。这样的话客户同时也是供应商，这是一种很健康的关系。

当你审视任何一个行业的任何一个有高度职能的机构，供应商们都很清楚地知道他们的客户的需要，他们把他们的产品和运送流程打造成客户满意的方式。现在让我们想一想，找到谁是你的客户，发现他们真正想要从你那儿得到的东西。再想一想如果你或你的部门建立了一个基于客户满意至上的交付模式的话，情况会这么样。

AWP 就是设立来取得这样结果的一个交付模式，它完美地演绎了注重于施工优先和客户至上原则。

通过 CWP 来创立一个优化的 PoC 的过程是客户告诉我们他们需要什么和他们想要通过怎么样的过程来获得。我们作为项目管理，工程设计和材料采购的角色，我们的任务是交付符合目标的图纸和材料。

这是一个重点，也是影响 PoC 的建立的要点。这要求高质量的基础设施来保证工程设计部和材料采购部明白他们的交付成果和改变。这意味着他们将需要在某种程度上从他们习惯的工作流程转变到一种新的，客户至上，作业包为基础的交付模式。

他们也会发现他们的交付成果需要以不同的方式来包装。比如：施工部也许会要求电器接地框格作为一个单独的 CWP，不要包括任何其他的的电气安装在里面，这样他们才可以在地下作业时被安装。或者施工部也许会要求把脚手架的管理作为一个特色包括进工程设计过程。这些例子偏离了现存的工程设计交付模式，所以这个重要的偏差需要被写入合同并且在征求意见书里再次强调。

f. 第 3 级项目进度表：

第 3 级进度表在 IPS 后半段的开始成形。IPS 确认了完成 EWPs 和 PWPs 的交付日期，这个日期需要满足 CWPs 的具体开始日期的要求。

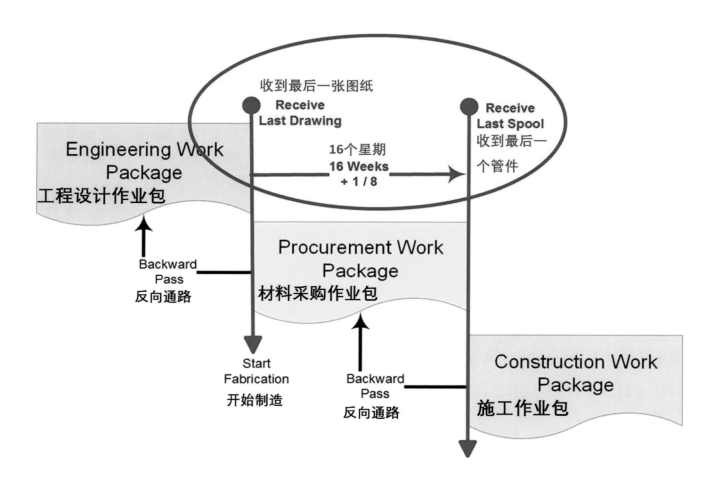

当确定了每个 EWP（完成最后一张图纸）的最后完成日期后，我们往前推来建立这个时间段。工程设计环节的关键日期是收到最后一份供应商的数据的日子。从这个日期点，我们可以往前推，确定采购订单（Purchase Order – PO）发布的日期，这个日期直接和报价要求书（Request For Quotation – RFQ）的发布日期和工程设计部的数据表的建立日期相关联。

从供应商的数据收到的日期往前，有一个具体设计中需要做 60%模型审查的时段，这是从施工部获得建议和从生产部得到更详细的设计要求的时段。在这个时段后，还有一个具体设计的时段，那是产生大直径管道设计图和 90%模型审查，然后再进行小直径管道的设计。

这意味着工程设计部从系统设计转换到按区域完成的理想转换点是大概在 60%模型审查之后。

注意 EWPs 是在模型审查之后生成的，模型审查时审查区域的先后顺序很重要。如果我们按照同样的方法设计厂区，两边用管道支架来支撑，那么明显地，管道支架需要被选为第一个审查的区域，然后按照设计逻辑和施工顺序来选择接下来需要审查的厂区。

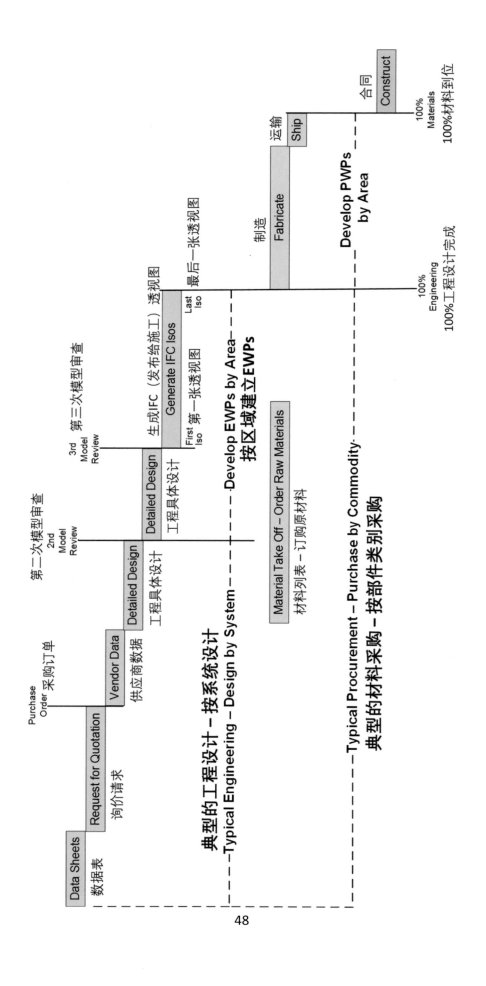

接下来的示意图例子显示了在工程设计和材料采购中都有一个发展时间段存在于按自己喜好的流程运作（现存的）的组织中：按系统进行工程设计和按部件编号进行采购，然后转换到按区域设计和采购，然后一个一个的交付满足 CWPs 的 EWPs 和 PWPs。工程设计部和采购部在建立持续时间段和交付日期时需要考虑所有这些情况。

确定所有这些日期的关键点是 CWP 的开始日期。从这个时间点出发采购部将确定一个钢构件和管件的制造和交付周期时间。再往前推，就的得到工程设计结束，制造过程开始的的日期。

重要提示：在 AWP 的环境里 EWPs,PWPs,和 CWPs 的关系是纯粹的结束后才能开始的关系。这意味着在一个 EWP 的最后一张图纸交付之前不能开始制造过程。不再有来自于 IFRs（Drawings Issued For Review）的改动，这才是意味着完整的 EWP 交付。

这个情况也同样存在于采购过程中供应商承诺的交付日期，供应商承诺的交付日期应该是最后一个管件或钢构件的交付日期。这个日期是施工过程的开始日期。

达到这些里程碑的最有效的方法是监控他们的进程（在 WFP 软件中）。然后在合同中把这些里程碑和付款时间点联系起来。

那么每个 CWP 的开始日期是怎么来的呢？

有两个方法可以建立第 3 级 EPC 进度表：你可以"认为结束后才能开始"，从项目的交付日期开始，然后反推回去。这个方法会告诉你项目是及时开始施工，或者是太迟开始施工。你也可以选一个神话日期（比如 2000 年 1 月 1 日），然后建立一个跟实际开始日期毫无瓜葛的进度表。这样会给你一个时间窗口，比如停产检修中，整个项目期间所有的活动都是互相关联的。当然，这个方式只能是当你使用调度软件时才行，因为那样才能联系所有相关条件，并且可以把假定的开始日期用真实的日期代替，使所有的活动都按原有的持续时间往后推。Primavera 或者 Microsoft Project 都可以允许你这样做。

无论用哪种方法，施工队伍都需要努力工作，利用行业专家们（SMEs）创立的 CWP 的大概的预算，并且使用领先和滞后的顺序来建立优化的 PoC。这是一个很好的机会来引入质检原理，以确认 CWP 发布计划是否真正代表了事件的最被人承认的组合。SMEs 并不总是知道施工活动是怎么和其他的专业关联起来的。

让我们向前跳到 IPS 的结尾阶段。现在你有了一个路线图，在这个路线图里，每个 CWP 联系到以前建立的 PWP，和再以前建立的 EWP，并且含有时间段的 WAG 预算。这些单元是第 3 级进度表的理想元素，不要企图更具体，这已经就是第 3 级项目进度表所需要的全部。E, P 和 C 可以各自建立符合他们需要的具体进度表，但是在项目层面，这就是应该做的全部。

整体地来看一个项目，工作内容的安排是以有依赖的，结束后才开始的活动这样的方式形成序列的：EWP-PWP-CWP 允许项目考虑多重作业流的平行操作，这是快速追踪施工方式（没有混乱）。

现在这是 E，P 和 C 队伍的职责是刷新它们的作业包，并且按照部件数量来细化时间段。就像大家知道的那样。

这也意味着项目进度表是一个不断变化的文件，它每星期都要根据新的 EWP，PWP 和 CWP 的持续时间来更新，也根据 FEED（+/-10%）的结束时间要求的，有信心实现的目标来更新。

我们会在信息管理那一章里详细讨论 WFP 软件，目前只需知道，在 FEED 期间应用软件是一个从模型建立每星期的 CWP 的数量的简单，快速的方法。

g. 工程设计，材料采购，模块，和施工作业包

施工作业包（Construction Work Package）：在一个典型的项目中，在工程设计，材料采购和施工之间有几个关键的联系点。在 AWP 和 WFP 里最主要的是施工作业包。就像早先讨论的那样，施工作业包是 E, P, C 和项目控制的公分母。它是工程设计和采购的交付结果的目标，是施工的开始点，是给项目管理队伍的工作描述，是给施工队伍或承包商发布作业的一个很有效的方式。对项目控制来说，这也是一个很好的联系进度表和成本控制的链接点。

就我们的目的来说，把每一个 CWP 想象成一个小小的项目。这是项目空间的中心，也是所有上游流程和下游施工的关键连接。这是每个小小项目周期的中间点。

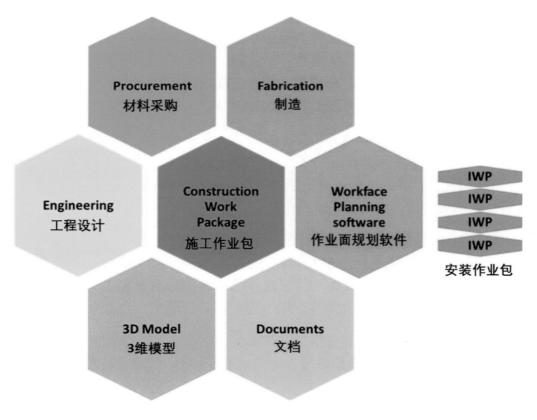

我们见过一些主张不需要 CWP 的项目的例子，在这些例子中 EWP 被直接发布给施工阶段。短期来说，这看起来也可以，但是事实上，这只是把作业和职责从 CMT 移到了施工承包商的桌子上。这增加了承包商的工作量，因为承包商不能接触太多数据或没有太多权限，而数据和权限是建立其余的 CWP 所需要的，这极大地损害了我们武装工头的最终目的。

CWP 的目录：

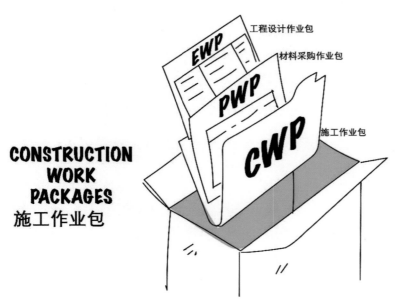

作为作业的说明，CWP 必须包括一个完整描述的工作内容，需要的支持服务内容的具体列表，明确预估（+/-10%）的作业完成小时数和作业持续时间。

一个典型的 CWP 包括 10,000 – 40,000 小时。

工作内容：具体的工作内容的叙述，相关的图纸，3D 模型的截图和平面图。这一部分也需要确认那些不包括在内的工作。必需要包括施工策略说明工作内容的执行是怎么设想来和其他的专业接口的。

索具/提升研究：如果工作内容确认了需要提升计划或者索据研究的关键提升作业，那么 CMT 就要负责完成这个研究，并且把最后的报告和说明放入 CWP。索具的规则和标准也在这时候放入 CWP。

项目控制：标识出 CWP 和跟其它的 CWP 的关系的，或者预估作业小时数和持续时间的活动的第 3 级进度表的复印件。作业小时数和持续时间也需要同时列入技工资源计划。

安全：一旦知道预计的作业，地点和资源，那么确认已知危害的概括的安全计划和补救策略可以早早建立。这可以包括安全作业实践库的链接，这个安全作业实践库是由 CMT 建立的，并且开放给承包商浏览。安全计划确认了技工的训练，对所需要的作业许可进行分类，并且描述获得这些作业许可的过程。

质量：可以是涵盖 CWP 的独特的工作内容的具体检查和测试计划（ITP），或者可以是标准 ITP 怎么涵盖工作内容的描述，标准 ITP 可以从 CMT 提供给承包商的资料库里获得。

施工设备：执行工作内容所需的具体施工设备的预估。将会包括起重机，可升降作业平台，焊机，泵，发电机和其他工具库不能提供的特殊设备，并且说明需要承包商自己提供设备，或者这些设备会提供给承包商使用。必须包括怎么订购和保障提供的设备的安全的说明。

脚手架： 执行工作内容所要求的脚手架的具体的预估，3 维模型截图和项目的整体脚手架策略。怎么定制脚手架的说明和需要的搭建周期的估计。

材料矩阵： 从 3 维模型中获得的材料矩阵必须列出每一个编号的构件，包括管件和钢构件，和大包散装材料和其他材料的清单。每个构件都必须确认是由项目提供或是由承包商提供。这部分还应该包括材料的接收流程的描述，和怎么标明材料是否收到以及怎么检验的说明，以及怎么要求材料的流程。

小组检查： 这个可以看作是集体活动，是把 CWP 交付给承包商的过程的第一步。典型地，当离计划好的执行日期小于等于 90 天时把 CWP 交付给承包商，同时在交付后的一星期内邀请进行集体检查。检查队伍包括总监，作业面规划员，CWP 协调员，和设计人员代表，施工经理和项目控制人员。在 1 小时的时间里，检查 CWP 的每个部分，记录下问题和建议。

然后总监和作业面规划员一起按照总监的施工执行策略把 CWP 分解为安装作业包。

通常需要为 CWP 建立一个模版文件，这个文件涵盖了 CWPs 的通用信息和所有需要的部分。

工程设计作业包： 在小节 e 里有一个简单的例子，显示了随着是施工路径的创立，作业规划的过程是怎么开始的。这个过程最好能够得到设计部的支持，因为设计部建立 3 维模型且根据施工部确认的作业的逻辑关联把区域设计图划分为 CWA。然后每个 CWA 又按专业分化，成为独立的 CWPs，这样就形成了和 CWP 一对一的工程作业包的地理定义。

工程设计作业包的目录：

作业内容： 作业内容的具体叙述，且包括确认作业内容的执行是如何设想与其他专业接口的应用策略。还应该确认哪些作业不包括在这个工程设计包内。

工程设计图纸： 列出整个工作内容的全部的 IFC 图纸和区域图，供应商设备的安装手册，指明哪里可以得到电子版的图纸文件。（比如项目云存储的文档控制库）

3D 模型： 如果不能从云储存得到 3 维模型文件，那么这个 EWP 的完整 3D 模型应该上载到云储存。EWP 的纸质文档应该包括模型截图，模型截图要能够显示工作内容的高层次的概括说明。

材料矩阵： 列出 CWP 的施工所要求的所有材料，负责购买这些部件的部门，制造/供应商和 RAS 日期（通常是 CWP 的开始日期）。如果这个 RAS 日期已知的话，就要列在材料矩阵里。

缺失的图纸： 虽然一个 EWP 的交付的判断条件是能得到 100%的图纸，但是总有达不到的时候。在这种情况下，EWP 应该包括那些缺失的图纸的具体列表，负责管理这个情况的人员名单，以及预测的解决方法。

采购作业包：采购的作业包的确定在业界内依然是一个话题。我们知道在 EWP 的结束（最后一张图纸）和 CWP 开始之前有一段空隙，采购需要在这个空隙里进行，但是采购活动是一种特别的作业包，这样的观念还没有被普及。

开始这个对话的时候，我们知道这样一个逻辑，在我们可以开始任何一个 CWP 之前，所有的材料必须到达工地（比如最后一个管件），因此问题变成了这个材料列表在哪里？谁在管理这些 CWP 要求的部件的采购？

理想的回答是采购队伍确认某一具体的 CWP 所要求的全部材料，且把这所有材料作为他们自己的一个特别的作业包，这样他们可以根据工地需要这些材料的日期来管理制造过程和材料的采购（这些材料的需要日期是 CWP 的开始日期）。

也就是说工程设计队伍完成了一个 EWP，然后列出了所有材料和制造图，从而建立了 PWP。

采购队伍通常从这个材料列表开始，甚至在那之前，从模型中得到材料列表，从而可以订购整船的管件和钢构件以及任何需要长时间才能运到的原材料。

单个 PWP 的部件名单被输入采购软件，产生带有普通 PWP 编号和普通 RAS 日期的采购订单。这样采购部可以按照满足 PWP 的方式来管理制造过程和大宗采购过程。

对于大宗采购（比如桩，阀门，电缆等等），采购软件中的软分配功能会显示工地上是否有足够的库存可以满足 PWP 的 RAS 日期的需要。

制造单个 CWP 的所有管件和钢构件的过程是 PWP 的主要目的，虽然这个过程对制造商来说没有那么优化，但是完整的 PWP 的交付促进了施工的效率。这意味着运出的制造作业包必须有严格的规定来确保 PWP 按照 RAS 日期完整地交付。

采购作业包的目录：

作业内容描述：采购内容的描述，部件的接收策略和设备，钢构件和管件的制造，以及通常的 RAS 日期。这也是一个重申要求得到电子版的制造数据（比如管件编号和钢构件编号），部件的条形码编号或 RFID 标签，以及每星期进程表的好机会。

材料矩阵：从 EWP 中得到的矩阵，列出了 CWP 施工所要求的全部材料，负责采购这些部件的部门，制造商/供应商和 RAS 日期（CWP 开始日期）。

制造图：对单个 CWP，EWP 里需要制造的设备，钢结构或管道的图纸的完整清单。

3 维模型：可以从云存储中得到的 3 维模型，这些模型应该分享给制造商，这样制造商可以选择把数据导入他们自己的软件。

模型作业包： 有两种影响模块施工的作业包：

- 独立模块，它包括了单个模块的所有要求。
- 组成工地作业流的一系列模块，也就是 CWP。

虽然把每个模块看作一个 CWP 已经是广为接受了，但是这样并不满足 AWP 世界里 CWP 的条件。对施工来说，单个 CWP 需要的是相关联的作业内容，可以在单个区域里组成一系列作业线。如果你问你的施工人员他们喜欢一组包含多少模块从而可以用来设立作业线，他们会把模块分成 10 个一组或更少的模块一组，这样更符合施工策略。

组成 CWP 的模块分组的逻辑同样适用于制造商和建模场。相比于只制作一个模块的管道，制造车间可以按一组 10 个模块来制作管道或钢结构，这可以使他们能在一定程度上进行优化操作。这个方法同样适用于建模场，既然知道这 10 个模块需要同时完成，管理层可以在所有这些模块间分享工人，这样也支持了按层施工的逻辑。按层施工是建造模块的方式。

也就是说，我们仍然需要对每一个模块产生一个多专业的单个作业包：模块作业包。好的建模场会把装着材料的包装箱放在模块旁边，这样当收到完整的材料清单时，就可以开始作业了。

模块作业包的目录：

工作内容： 每个专业的作业范围的具体叙述，工程图纸和 3 维模型截图，要按层说明。这个部分还应该确认不包括在作业范围里的工作（比如单独运送的部件），以及需要运送的钢结构。必须要包括执行策略，这个执行策略确认了怎么执行作业内容和作业面规划的要求以及由 WFP 软件管理的安装作业包的要求。确认同一个 CWP 组里的所有模块。

项目控制： 第 3 级进度表的复印件，并把模块作为 CWP 的构件，把这个模块和它与其他的 CWPs 或活动的关系标示在进度表上，还需在进度表上标上预估的作业小时数和持续时间。

质量： 可以是涵盖模块的特殊内容的具体检验和测试计划（ITP），也可以是标准 ITPs 如何涵盖工作内容的描述。标准的 ITPs 由项目提供给建模场。

脚手架： 永久脚手架的要求的具体描述（脚手架将会被作为模块的一部分运到工地），3 维模型的截图，以及项目的整体脚手架策略。

材料矩阵： 从 3 维模型中得到的材料矩阵必须列出每一个有编号的构件，包括管件和钢构件，以及大宗散装材料和所有其他材料的清单。每个构件都要指明是由项目提供还是由承包商提供。

鼓励分包行为：

交付作业包而不是单个管线图，管件或模块的原理和把单个 CWPs 当作独特的小项目来执行的作业过程是 AWP 的基础。这也是你的项目所要面对的一个最大变化。这个流程设置了一个工作流和一系列规则，当人们明白这个工作流和这些规则是有道理的时候，他们就会自动去遵守。我们都喜欢一定程度的结构化和清晰明白什么是我们可以期望得到的，以及什么是别人可以期望从我们这儿得到。E，P 和 C 作业包之间互相依赖的关系有一个很简单的统一和一系列简单的规则。完成工程设计，然后开始采购，完成采购然后开始施工。然而，确实需要一些努力和专业才能做到这一点。

在任何改变过程中，我们都会遇到一系列问题：为什么要改变，改变什么，谁需要改变，最后是怎么改变。当你到达怎么改变这一步时，鼓励这个行为的方法之一是在合同中写入在交付完整作业包的基础上设立的信用规则。在我们目前的执行模式中，我们设立合同，在合同中设立了基于交付的 IFC 图纸的数量或者每月交付的钢材的总吨数或管件的总长度的目标，如果你想启动按作业包交付的原则，那么你需要在完成作业包的基础上设立信用里程碑。这意味着只有当收到每个 EWP 的最后一张图纸或者每个 PWP 的最后一根管件/一个钢构件时，工程部和采购部才能得到信用或者得到货款。

这也同样适用于模块制造。施工方并不是每个月需要一定数量的模块来保持他们的工作量，他们需要的是具体的 5 个或 10 个一组的，可以在具体的区域开始作业线的模块。所以合同里应该写明付款的里程碑是每个模块组里最后一个模块的交付时刻。

如果你设置一个制造过程的合同，在合同里注明只有当一个具体的 CWP 里的最后一个钢构件交付以后才付款，那么制造商们自己会找到达到这个目标的最好方法。值得注意的是这同样意味着制造商的供应商也会面临同样的压力，供应商们也需要按顺序交付大宗原材料。如果大宗原材料是由业主提供的，那么业主也需要遵从同样的游戏规则以确保不会因为引起延误而被罚款（这也是一种健康的关系）。

工程设计也是一样的，工程设计室交付整个 EWP 后才能得到设计费，只交付单张图纸是不行的。这样为了得到付款，工程设计需要从按系统设计转换到按适当的时间点按区域完成设计。

你现在可能在想，这样做会增加成本。是的，是会增加成本。工程设计部和采购部很有可能会因为不能太优化他们的工作流程，使得成本增加而要求更多的费用。这个不太优化是由按区域设计或者每星期都要重启钢厂而引起的。然而，这个投资的回报率是很诱人的，根据我的经验，基于非科学的 WAG 数据，每在工程设计方面或采购方面多花 1 块钱，会在施工方面节约 10 块钱。（施工时间方面的节约会更多）

回到在 PoC 过程中什么时候开始这一过程的话题，你需要早早地为工程设计和采购队伍设立一个交付模式，这样他们可以开动脑筋想想他们怎样才能得到付款。同样也鼓励这样的想法：作业包小一点比大一点更好。为使施工作业包能达到最理想的施工效果，每个专业的作业小时数应该大概在 10,000 到 40,000 个小时之间。

你需要解决的唯一问题是，没有一件事是十全十美的。所以当你设置里程碑时，你也需要建立一些有一点回旋余地的标准。比如可以这样：对供应商的数据或者需要长时间准备的材料，少于 2% 的图纸缺失，或者管件的尺寸在 2% 的误差内都可以算是完成。

如果你没有这样的期望条款，项目也许会只因为缺失某几个 1 英寸的排水阀而停顿。

完美的工程设计或采购太过缓慢，并且支持 AWP 原则的花费是昂贵的。因此我们的策略是在不耽误进度太多的情况下尽量接近完美。

总的来说，为使客户满意而把工程设计，采购和施工统一起来，是我们目前项目管理中缺失的模型。每个部门的本位主义思想只考虑优化他们自己的系统，而不管他们的交付成果对整个项目起到什么样的贡献，这是一种陈旧的思维过程，在很多项目里这样做会使成本增加，且延长进度。

重要要注意的是这些改变必须由业主来主导。我们回头看看过去 30 年里在安全性能方面经历的戏剧性的变化，很容易看出这是业主的影响力主导了行为的改变。同样业主的影响率也可以主导生产效率的改变，甚至更大。因为由生产效率的失败而引起的损失极少影响到承包商。

当所有这些都聚到一起时，我们在项目中应该这样做：我们给工头信息工具，材料和许可证，从而他们可以为我们管理施工过程。AWP 的模型使我们可以从信息的建立和材料中看到项目是如何结束的。

有一次我听到一个故事，一个在休斯顿 NASA 工作的清洁女工在被问到以何谋生时，她回答说她是把人类送到月球的队伍中的一员。当在印度的一个初级工程师某一天明白了他们的贡献是怎么促进作业面上的作业活动的时候，AWP 希望他也能如此回答。

第六章：信息管理

看到我们自己在革命中充当关键人物并不容易，但是事实上我们正是这样的关键人物。我们背后是传统施工的历史，我们面前是年轻的敏捷，精益，专业地计划了的，可预见的项目执行模式。革命的火花是变革的需要，而火上浇油的是自由流动的信息和使信息可以自由流动的技术。

欢迎来到施工的信息管理的黄金时代。

大部分的建筑工人像 Jekyll 和 Hyde 电视节目中那样生活，在电视节目中的"正常"人就是典型的建筑工人，他们站在那里等着那张包含信息的废纸好允许他们完成那么少量的作业。然后在晚上，他们的超自我得到释放，他们成为了信息迷，跟时间交流，在网上冲浪，在互联网上消费新闻（新闻传播速度比光速还要快）。

当我每次陷入这样一个怪圈时我总是很受挫：你知道施工方面需要的信息存在于某个地方，但是你就是得不到。原因是信息掌控者不知道该怎么发布这些信息，或者甚至是不知道其他哪些人想要得到这些信息。

在我们的项目中，总有人在某个时候想要知道每个材料在哪儿，怎么得到每个文档的最新版本，什么已经被安装了，哪些应该被安装，可以获得哪些资源，我们的内部客户想从我们这儿得到什么，我们化了多少时间和精力来完成这些作业。但是在我们的管理环境中我们没有这些信息。这就像我们各自在写一本神秘的书里的一个章节，但是我们没有互相分享，每个部分看起来是有道理的，但是没人知道整个故事讲的是什么。

这是整个迷宫缺失的最后一片，当我们可以把建立的信息和终端用户联系起来的时侯，整个迷宫拼图就完成了。

在第一本书《Schedule For Sale》里，我们讨论了数据转化为信息，再转化为知识，最后转化为状态的理解。现如今，这个转化的步骤依然和我们 10 年前一样，并没有实质性的改变。然而，时间和第一手经验给了我们需要的更好的细节和结构，并且使我们可以实现这个转化路径。

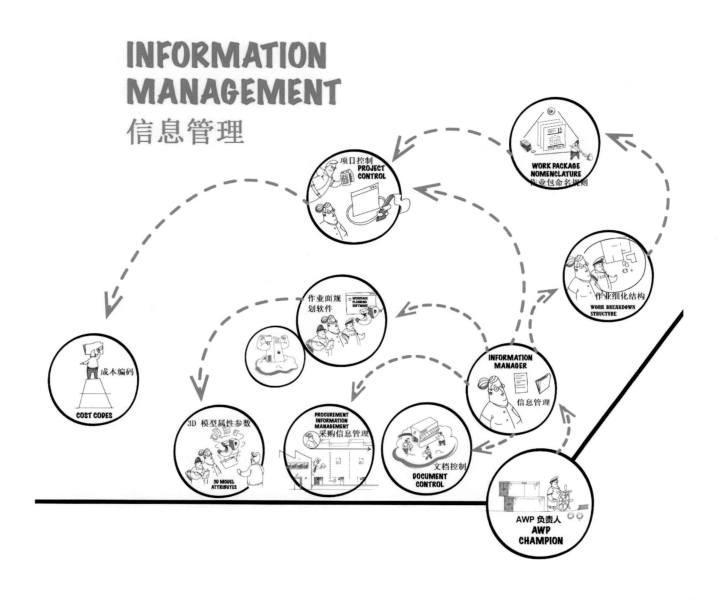

这一章将带领我们浏览上图里每个节点的具体情况，希望可以给你说明怎么把信息的建立和交付理论和终端用户的访问方式联系起来并且如何应用这种联系。

- **a.** 信息管理
- **b.** 作业细化结构
- **c.** 作业面规划软件
- **d.** 3 维模型属性参数
- **e.** 文档管理
- **f.** 采购数据
- **g.** 作业包命名规则
- **h.** 成本编码

a. 信息管理

需要考虑的第一件事情是区分开信息技术（IT）和信息管理（IM）。我通常认为 IT 是为我们建立用户名和密码，处理硬件问题，安装软件和魔术般的修复我们的计算机的超时问题的计算机人员。

在另一方面，IM 是项目信息的策划建立，使信息符合终端用户的目的和利益。

因此，从今往后，我希望当你任何时候在项目中听到 IT/IM 经理时都能心存疑虑，IT 和 IM 是完全不同的角色，很少有人可以同时了解这两个领域。

在我们的流程图中，我们确认信息经理是一个直接向 AWP 负责人报告的职位，这一点对他们履行职责是很重要的。关于这个职位的概述是：负责建立一个使 WFP 软件可以完全发挥作用的流程。当你仔细观察为达到这个目的需要做什么时，你会发现这需要定义一系列的标准，这些标准有复杂的接口点。这些标准必须在合同中写明，教给信息建立人员，并且在整个项目期间持续监控和重新安排这些标准。

这也许是最难找到合适人选的职位，你需要一个确实懂得 WFP 软件，3 维模型和 AWP 的人，并且此人还需要大概了解工程设计过程，供应链管理和云环境操作。

你可以在不同的领域中发现这样的专家，WFP 软件供应商可以提供他们的软件专家，工程设计公司内部有精通 3 维建模的专家，但是你依然需要有个人能够明白所有这些情况，明白怎么把各部分连系在一起。所以，就像我在第一本书里说的那样，一旦你发现了这样的人才，好好对待他们，使他们以能为公司工作为傲。

信息经理：职位描述

IM 是负责使 WFP 软件工作的，这是解释整个流程的一个简单方式。但是事实没有那么简单，而是象我们被困在杂草从里时那样复杂。什么才能使软件工作呢？软件是否能如预期那样发挥作用完全依赖于数据的质量。软件需要输入的典型数据是所有以前提到过的信息，以及其他一些"必须要"的数据，我们将会说明那些数据是什么。

让我们从云技术开始：

我们在流程图中并没有对此讨论太多，因为这更偏向于基础设施，而不是作业流程。但是这是个可以促成或破坏整个程序的关键策略。

回想一下你的上一个项目，那时工程设计，采购和施工管理各是独立的承包商。当数据以纸质 PDF 复印件的方式交付时，在数据传递链中也许存在着断口。

典型的方式是，工程设计图纸以非智能 PDF 文件格式通过电子邮件传递，纸质的钢构建编码或管件编码的包装单，纸质的供应商使用说明书，或纸质的 3 维模型截图。这些似乎是满足成果交付要求的。但是更常见的是终端用户不得不在工地办公室里重新建立电子数据或资料库以便管理。

"基本上足够好的信息"的问题从根本上来自于一个旧的误解：施工单位并不需要或期望实时数据。这个误解是一个自证预言的极好的例子。我们的机构觉得承包商不需要或不想要实时数据，所以他们甚至都不提供实时数据。施工界适应了这个使用纸质信息的世界，常因找不到一个管件的信息而一筹莫展，只能捏造一些系统来管理他们所能碰到的任何数据。这样这个预言就被证实了。

现在施工界以外的世界（网络）给承包商们显示了确实是可以获得丰富的信息的，并且这些信息格式是针对于满足客户的需要的。这使得承包商们很难容忍现有的蘑菇管理系统。（信息保存在黑暗中并且是人工输入的）。要注意的是还有一个选择可以使人们不能忽视那个把"想要"变成为"需要"的世界。这个受欢迎的变化开启了这样一个认知和尊重：我么必须永远优先考虑终端用户。进化论已经证明了人类很能适应变化的环境，当我们给建筑施工单位指出一个接触实时信息的方向时，我们绝对可以看到他们在往那个方向努力。

每次只能传递一点儿信息的纸质数据的存在妨碍了我们了解有效的交付模式和共同的项目平台的需要。这个共同的项目平台可以用于项目数据的电子文件交换和存储。

通常我们把工程设计部和业主的网络看作为可以用于安装管理项目所需系统的合适的操作平台，因为我们认为只有工程设计人员和业主才需要这些访问这些数据。你可以使用 Share Point，Dropbox，或 FTP 站点系统，但是它们并不真正适用于我们的目的，而且还需要花大量的努力和能量来创立一些迂回的方案来使这些系统可以合我们所用。电子邮件或者纸质文件来交换的项目信息最终会被埋没在无尽的电子表格中。这样做将会浪费极大量的时间，也会创立一系列的伪事实。这就是我们现在面临的问题。

以往的经验告诉我们只有在全局思维指导下创立一个基于云技术的项目环境，把云环境作为所有项目数据接口的唯一平台，这样才能够实现我们的目的。项目可以共享同一个 3 维模型文件，文档和采购数据。并且可以在安全保密的环境里给这些文件设置访问权限，给不同的项目用户设置不同级别的访问权限。

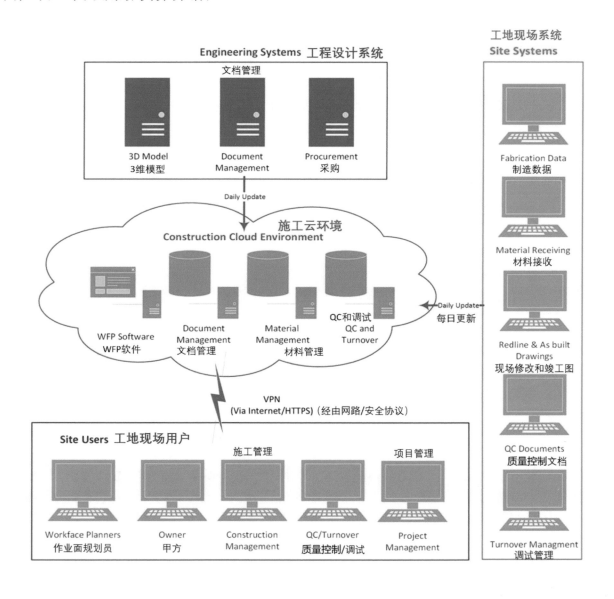

如果你能访问网络和用户登录，那么你就可以在世界各地访问项目信息。这使得中心数据库跟项目隔离，同时又促进了项目实时数据的交付和交流。

这个项目的透明数据中心模型也支持了这样一个想法：项目管理队伍应该通过直接访问项目数据来管理项目。

在我们通常的项目环境里，项目管理队伍是通过强行要求的标准报告来了解项目的状态的。这些报告是各项目涉众在他们各自的数据系统中生成的。然后"消息管理"创立一个系统，在这个系统里每个人建立他们自己的报告卡。

这种方法下，对项目中充斥着各种惊喜意外的情况还有什么疑问吗？

在数据中心模型中，项目管理队伍在云环境中管理着主界面，各项目涉众向云系统报告他们的分类详细信息，项目管理队伍以此设计和生成他们自己的报告。在设置了这种系统的项目中，项目管理队伍可以建立报告且传送给承包商们，告诉他们进度。最后的结果是，整个项目进行过程中我们不会有太多的惊喜意外，并且要知道"提早知道坏消息事实上是个好消息"。

b. 作业细化结构（WBS）

WTF-I-12-E4-C05-14

在本书的 AWP 小节里 WBS 的章节给出了一个关于什么是 WBS,为什么需要 WBS, 以及怎么建立 WBS 的全面描述，尤其提到 WBS 是 WFP 软件的支柱。如果你现在还不能理解这点，那么就不能理解以下的内容。

信息经理的关键作用之一是设计和管理 WBS。与所有的项目涉众一起，为所有项目用户建立一个统一的格式，将 CWP 编号标识在每一个作业包，每一张图纸，每一个管件编号，每一个钢构件编号，每一个进度表活动，和每一个成本编码中。这是很重要的。

c. 作业面规划软件

对作业面规划软件的要求是它们必须要：

- 与 **3 维模型**集成：在 3 维模型环境里操作。
- 允许用户在 3 维模型环境里**建造 IWPs**：点击一个物体就可以把它加入计划。
- 能够为 IWPs 建立**任务**：选中一个物体，并且为这个部件选择一个任务（比如说焊接任务）。
- 可以接收**制造数据**：管件编号和钢构件编号永久地加到 3 维模型的物体中。
- 能够根据系统管理员设置的安装率和信用规则计算单个任务或者一系列任务的**计划工时**：告诉规划员当这个任务被完成时，会挣到多少小时数的信用。

- 把**图纸链接到**模型中的物体上：点击一个物体就可以跳转到相应的图纸。
- 可以告诉作业面规划员**任何图纸的现状**：缺失，IFR，IFC，设计修改的，施工修改的，工程竣工后修订的。
- 把**文件加入**到 IWP 中：允许作业面规划员直接从文档控制数据库选取文件加入 IWPs 或更新 IWPs 里的文档，或把扫描图片直接加入 IWPs，并允许移除 IWPs 里的文档。
- 可以告诉作业面规划员**任何材料部件的现状**：制造的，运输的，收到了的，领走了的，安装了的，修改了的。
- 给每一个 IWP 建立一个材料清单：创立一个 Excel 格式的**材料电子版清单**，用于材料管理系统的输入。
- 可以给 **IWPs 排序和调度**：显示 IWPs 的开始时间。
- CWPs 或着 IWPs 层面的 4 维模拟的演示：允许作业面规划员在 3 维环境里按开始顺序模拟施工活动过程。
- 建立**进度记分卡**：带有计划工时和信用规则的部件清单。
- 接收事实进度：当作业完成时，可以很方便地输入每个 IWP 的进展。
- 接收每个 IWP 所花费的**实际时间**：可以很方便地输入每个 IWP 的工作时间记录表上的小时数。
- 生成显示每个 IWP 的**性价比指数**（生产效率参数）的报告：每个 IWP 的挣到的小时数和实际花费的小时数的对比。
- **打印 IWP**：允许扫描的文本和报告能够被转化为用户定义的格式，并被保存为 PDF 格式的文件。
- 能够把**同一个部件加入到多个独特的计划**中：允许作业面规划员为部件们的安装，连接，测试，加热，绝缘以及调试建立各自的任务包。
- **管理约束条件**：在清单上列出所有的约束条件，且显示这些条件的进展现状。
- **显示进程**：建立一个显示进程状态的 3 维图像（IFC，制造，涂装，接受了的，安装了的，连接了的，测试了的，调试了的），用不同的颜色表示不同的状态，且同时显示总结信息（比如完成的百分比）。
- 为**一组物体**建立**计划工时**：允许作业面规划员为任何 CWP 或一组物体建立一个材料表，然后计算计划工时。
- 用起来**简单**：要直观，要允许作业面规划员不需要经过强化培训就可以操作。

根据我们目前的经验，只有两个软件可以满足以上所有的要求：Hexagon 的 **Smart Construction** 和 Bentley's 的 **ConstructSim**。我们成功地把这两个软件应用于大型项目，它们的设置周期和对信息的要求很相似。基于怎么输入数据和如何使用，最终产品的功能可以比预期多得多。虽然我也相信将来会有其它的软件也可以支持作业面规划员的需要，但是目前来说我还没有发现有其他的软件可以涵盖以上所有的基本要求。

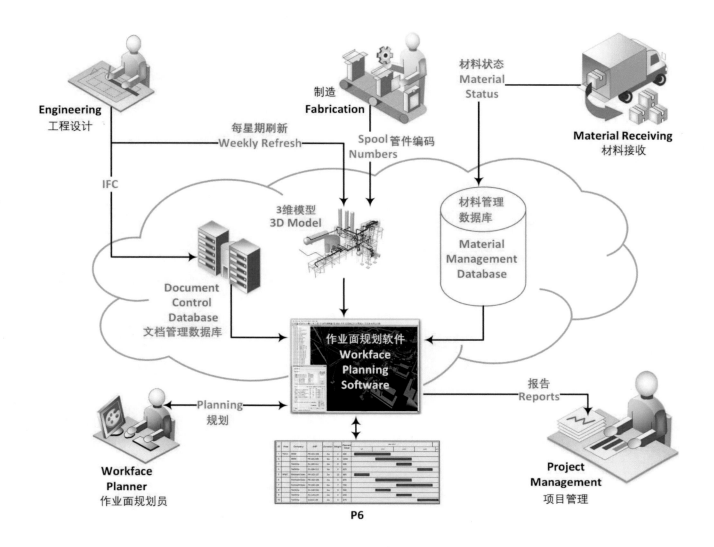

当你设置了建立在云技术上的 WFP 软件，并且这个软件是集成了文档管理，材料管理和项目调度时，你就有了项目信息的单一数据源。通常当我们的项目达到这个层面时，作业面规划员就成了了所有问题和答案的关键。当项目管理队伍习惯了他们可以从手提电脑或手机上直接看到所有的数据时，他们会开始自己直接在 WFP 软件中挖掘数据。

信息经理直接负责设计这个整体系统，建立项目云，进行每个接口的概念验证。然后他们负责为整个项目设置 WFP 软件，预先安装所有的相关数据，维护软件的正常运作。

d. 3 维模型属性参数：

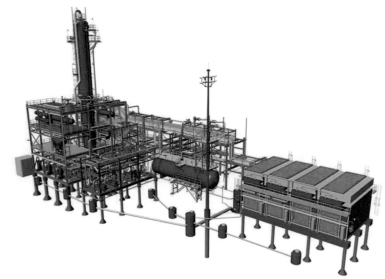

3 维模型中的设计区域，结构，以及每个部件的属性参数的目录的布局安排对 WFP 软件是否能实现预期的功能是非常重要的。对这个复杂问题的回答是，列出一个我们认为项目需要知道的问题表。然后我们设计的属性参数需要能够被用来回答这些问题。把 3 维模型看作为一个包含了所有项目部件完整列表的一个数据库，每个部件有一个功能（属性参数）列表。这样当我们挖掘数据时，我们可以知道多少部件有同一个特殊功能（比如CWP，收到了的材料，安装了的材料，调试系统）。同时我们可以得到显示所有部件的一个图像。想象一下在项目完成 25%，60%，98%时你怎么才能得到同样问题的答案，你就会知道你需要哪些参数。

就算以前我们也需要从模型的实际结构开始。因此让我们从设计区域（DA）开始（3 维模型中的小部门）：DA 们的关键是它们必须要按照适合施工作业包的模式来建立。这个施工作业包的模式我们已经在施工路径的讲座上确认了。它们可以是"多对一"的关系：多个 DA=一个CWP，但是它们不能是"一对多"的关系。除此之外，它们还需要足够小，小到可以在一个CWP 里允许多种专业的工程设计作业线。DA 的设计还需要支持施工部门要求把 CWP 再分割的可能性。因此，DA 越小越好。

我们开始讨论属性参数的方法是建立一个"想要和需要"的矩阵，在 FEED 的早期阶段把这个矩阵展示给工程设计部。然后我们把这个矩阵作为工程数据研讨会的基础，在研讨会上，比我们聪明的人们可以讨论这个梦想是否可以成真。

这是利用 WFP 软件公司资源的合适时机。他们很清楚地明白它们的软件需要什么样的输入数据，而工程设计队伍很清楚地明白他们可以建立什么样的模型。在这两者之间就是建立属性参数结构的最佳点。

Priority 优先级	Attribute 属性参数	Division Of Responsibility 负责部门	Source 来源	Civil 土木	Piling 桩	Concrete 混凝土	Steel 钢结构	Equip 设备	Pipe 管道	Elec Equip 电器设备	Cable 电缆	Inst 仪器仪表
KEY ATTRIBUTES 关键属性参数				COMMODITY 物类								
Must 必须	Unique Tag # 无重复标签编号	Engineering 工程设计	Engineering 工程设计	Y	Y	Y	Y	Y	Y	Y	Y	Y
Must 必须	Piece Mark # 钢构件编号	Engineering 工程设计	Engineering 工程设计	N/A	N/A	N/A	Y	N/A	N/A	N/A	N/A	N/A
Must 必须	Spool # 管件编号	Workface Planning 作业面规划	Fabrication 制造	N/A	N/A	N/A	N/A	N/A	Y	N/A	N/A	N/A
Must 必须	Component type 构件类型	Engineering 工程设计	Engineering 工程设计	N/A	Y	N/A	Y	Y	Y	Y	Y	Y
Must 必须	Weight (Design Qty) 重量（设计重量）	Engineering 工程设计	Engineering 工程设计	N/A	Y	N/A	Y	Y	N/A	N/A	Y	N/A
Must 必须	Length (Design Qty) 长度（设计长度）	Engineering 工程设计	Engineering 工程设计	N/A	Y	N/A	Y	N/A	Y	N/A	Y	N/A
Must 必须	Volume 体积	Engineering 工程设计	Engineering 工程设计	Y	N/A	Y	N/A	N/A	N/A	N/A	N/A	N/A
Must 必须	Class (Spec) 等级（规范）	Engineering 工程设计	Engineering 工程设计	N/A	Y	Y	Y	Y	Y	Y	Y	Y
Must 必须	Diameter 直径	Engineering 工程设计	Engineering 工程设计	N/A	Y	N/A	N/A	N/A	Y	N/A	Y	N/A
Must 必须	Wall Thickness 壁厚	Engineering 工程设计	Engineering 工程设计	N/A	N/A	N/A	N/A	N/A	Y	N/A	Y	N/A
Secondary 次要	Service 服务	Engineering 工程设计	Engineering 工程设计	N/A	N/A	N/A	N/A	N/A	N/A	N/A	N/A	N/A
Must 必须	Insulation 绝缘	Engineering 工程设计	Engineering 工程设计	N/A	N/A	N/A	N/A	Y	Y	Y	Y	Y
Must 必须	Fireproof 防火	Engineering 工程设计	Engineering 工程设计	N/A	N/A	N/A	Y	N/A	N/A	Y	Y	N/A
Must 必须	Heat Trace 伴随加热	Engineering 工程设计	Engineering 工程设计	N/A	N/A	N/A	N/A	Y	Y	Y	N/A	Y
Must 必须	On/Off Module 模块开工/结束	Engineering 工程设计	Engineering 工程设计	N/A	N/A	N/A	Y	Y	Y	Y	Y	Y
Must 必须	Module # 模块编号	Engineering 工程设计	Engineering 工程设计	N/A	N/A	N/A	Y	Y	Y	Y	Y	Y
Must 必须	CWA 施工作业包	Engineering 工程设计	Construction 施工	Y	Y	Y	Y	Y	Y	Y	Y	Y
Must 必须	EWP 工程作业包	Engineering 工程设计	Engineering 工程设计	Y	Y	Y	Y	Y	Y	Y	Y	Y
Must 必须	CWP 施工作业包	Construction 施工	Construction 施工	Y	Y	Y	Y	Y	Y	Y	Y	Y
Must 必须	IWP 安装作业包	Workface Planning 作业面规划	Construction 施工	Y	Y	Y	Y	Y	Y	Y	Y	Y
Secondary 次要	WBS 作业细分结构	Engineering 工程设计	Project Controls	Y	Y	Y	Y	Y	Y	Y	Y	Y
Secondary 次要	Material Type 材料类型	Engineering 工程设计	Procurement 材料采购	Y	Y	Y	Y	N/A	Y	N/A	N/A	N/A
Must 必须	Material Stock Code 材料储存编码	Engineering 工程设计	Procurement 材料采购	Y	Y	Y	Y	N/A	Y	N/A	N/A	N/A
Must 必须	Design Drawing 设计图纸	Engineering 工程设计	Engineering 工程设计	Y		Y	Y	Y	Y	Y	Y	YN
Must 必须	Fabrication Drawing 制造图纸	Fabricator 制造商	Fabricator 制造商	N/A	N/A	N/A	Y	Y	Y	Y	N/A	N/A
Must 必须	P&ID 管道仪表	Engineering 工程设计	Engineering 工程设计	N/A	N/A	N/A	N/A	Y	Y	Y	N/A	Y
Secondary 次要	General Arrangement 总体布置	Engineering 工程设计	Engineering 工程设计	N/A	Y	N/A	N/A	Y	Y	Y	N/A	Y
Secondary 次要	Connection detail 连接详图	Fabricator 制造商	Fabricator 制造商	N/A	Y	N/A	Y	Y	Y	Y	N/A	Y
Secondary 次要	RFID#/Bar code 射频识别/条形码	Fabricator 制造商	Procurement 材料采购	N/A	N/A	N/A	Y	Y	Y	Y	Y	Y
Must 必须	Engineering System # 工程系统号码	Engineering 工程设计	Engineering 工程设计	N/A	N/A	N/A	Y	Y	Y	Y	Y	Y
Must 必须	Turnover system # 调试系统号码	Engineering 工程设计	Operations 操作	Y	Y	Y	Y	Y	Y	Y	Y	Y
Secondary 次要	Activity ID 活动编码	Workface Planning 作业面规划	Project Controls	Y	Y	Y	Y	Y	Y	Y	Y	Y
Secondary 次要	PC Cost code 项目控制成本编码	Engineering 工程设计	Project Controls	Y	Y	Y	Y	Y	Y	Y	Y	Y
Secondary 次要	Weld Number 焊缝号码	Engineering 工程设计	Engineering 工程设计	N/A	N/A	N/A	N/A	N/A	Y	N/A	N/A	N/A
Secondary 次要	Bolt up Number 螺栓连接号码	Engineering 工程设计	Engineering 工程设计	N/A	N/A	N/A	N/A	N/A	N/A	N/A	N/A	N/A
Must 必须	Inspection Reqs 检查申请	Engineering 工程设计	Engineering 工程设计	N/A	N/A	N/A	Y	Y	Y	Y	N/A	Y

e. 文档控制：

文档控制的理想模式是这样一个系统：工程设计部可以把文件发布到一个中心数据库，告诉所有人他们做完了（传送），然后让项目涉众自己去找自己需要的东西。这个数据库可以按版本实时更新，且存储施工修改的图纸。这实质上建立了一个项目文档的单一资料库，使得承包商可以马上得到创立的文件，没有任何延误。

现在我们在这个革命性的想法上再增加一点，我们想要把 3 维模型联系到这个文档数据库。这样当你在模型上点击一个物体时就可以直接跳转到最新版本的图纸。

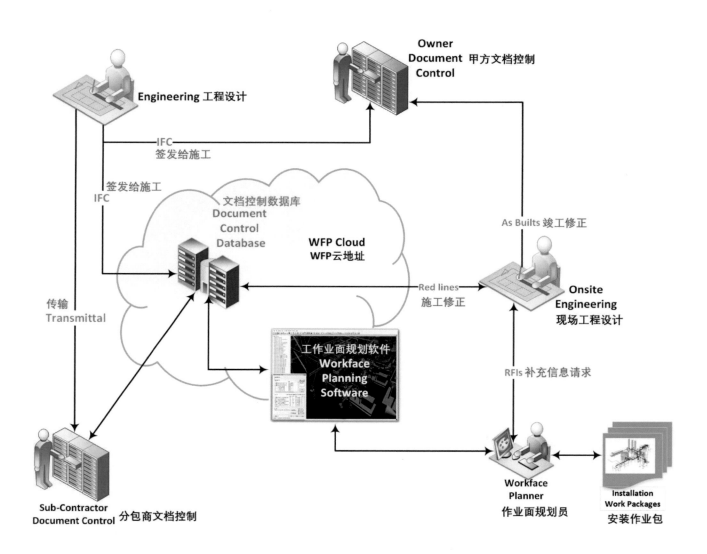

当你设置了 WFP 软件并且把文件数据库安置在项目云地址时，你将会得到所有这一切。它很简单，它实时操作，它绝对减少了要求的管理工作量，它建立了一个单一，共同版本的真相。

承包商通常不太相信文档的虚拟供应这样的想法，也就是说他们可以电子访问而不需要物质上地接收纸质文件，（一朝被蛇咬，十年怕井绳），所以我们通常允许他们同时运行两套系统，当文件被发布后，从云地址打印文件，并且把打印出来的纸质文件存储在他们自己的文档管理系统里。这确实要化很长时间才能让他们意识到，工头是通过 IWP 来得到他们需要的所有文件的。而当其他人想要的到一个文件时，最容易的方法是找作业面规划员或者用他们的只能浏览的权限通过 WFP 软件去发现。当他们习惯于通过 WFP 软件去发现他们需要的文件时，他们的文档控制职员就会没有太多活可干，过上一两个月后，这些文档控制职员通常会被派去帮助其他的部门。作为让变化发生的尽可能容易这样一个考虑，其实你可以让这个改变自然而然地发生。

在项目涉众可以直接访问项目文件的环境里设置这样一个文档控制系统，这样的应用系统是我们拼命想要追求的项目优化。

设置这样的系统只需要两个 IM 人员一个月的工作，你可以每月几千块钱租一个云环境。云环境是一个不受约束的访问项目信息的完美环境。

当你声明可以应用云环境时，安全性的问题就被提出来了。我们的标准答案是中央情报局（CIA）现在度已经在应用云技术了，还有什么不放心的呢。信息经理确实需要做一些设计和付出一些努力来设置管理项目涉众的接口协议，但是云技术的安全性和备份是确实可以相信和得到的。

项目云地址的所有收费只是一个小小的投资，但是它可以给整个项目带来巨大的正面影响。

如果你正在工作的项目是使用鞋盒来运送纸质文件的，而这些文件又由一群想法古板的老人来管理。你不得不讨好这些工地办公室的职员，耐心地排队，才能得到那些过时的文件，才能去建造那些你知道很快就会被拆除的东西，那么你完全能理解像上面描述的那样做会引起多大的不同，新的系统将会给您多大的帮助。不要笑，这是真的，很可能是你附近的项目还正在使用这种古老的系统。

两面打印的 Isos(等角投影图)：

在我们讨论文档管理的同时，让我们花些时间来讨论一下两面打印的 Isos。我不知道这个话题应该属于哪一章，所以就放在这儿讨论。这个话题其实不完全是 AWP 的一部分，但是两面打印的 Isos 在思想交流方面的正面影响是非常非常重要的。

想法是很简单的：我们要求工程设计队伍在每张等角投影图的背面打印上从封面上得来的 3 维管道图像。这样终端用户可以从图纸的正面得到具体的信息，同时从图纸的反面的得到管道的走向的信息。

可能你马上想到，过去 20 年里
怎么没人有这个想法呢？但是这
确实是当 CII 的 327 研究小组在
2015 年的年会上展示这个想法
时才曝光的。这个研究小组由
John Fish 领导，当时研究小组在
进行研究时得到了一些常规的
Iso 图纸，当他们看到其他的研
究小组得到两面打印的图纸时，
他们产生了这样的想法。在 7 个
不同的地区进行了总共有 57 个
管道装配工人参与的建造朔料管
道模型的现场试验。结果显示：
得到两面打印的 Iso 图纸的队伍
比得到传统的单面打印的 Iso 图
纸的队伍建造时间快了 16%。

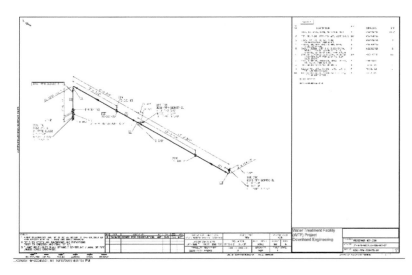

虽然这个数字可能没有那么巨
大，但是对我来说依然是"值得一
试"的。在我们把这个当作标准来
要求的项目里，工程设计队伍告
诉我这只是一个简单的编程问
题，一点都不需要化太多努力
的。在信息交流方面对施工过程

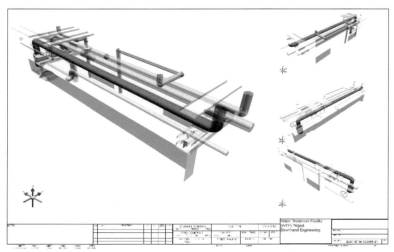

的好处简直不要太夸大。最显著的好处是，最近我们的两个项目是在英语是第二或第三语言
的国家里，所以这个信息交流的图案模式几乎的强制性的。

我在这里引入这个实例，因为两面打印的 Iso 图纸还是一个快速检查模型的有效的方法。有
一个图纸中的错误（3 维模型中漏了一个支脚）直到我们进行了这样的并排比较后才被发现
的。

f. 采购信息：

我们认为 WFP 应该作为项目信息的母舰，而且数据的关键来源应该是 3 维模型。但是事实上
一些信息也来自于其他地方。

制造过程就是一个很好的例子。取决于工程设计队伍喜欢怎么执行他们的工作内容，有时可
以发现 3 维工程模型里没有管件编号或者钢构件编号，这些编号通常是由制造商加上去的。

我们的麻烦是，如果作业面规划员不能在 3 维模型中选择一个有独一无二的名字的管件或者钢构件，那么就没有可能规划它，订购它，或者处理它。所以，从制造商那儿获得独一无二的编号且把它们放入 3 维模型是一个基本的要求。

所以，我们要怎么得到这个信息？让我们从要求这些信息开始。

我们寻求这些信息的方式是在合同里详细规定这样的要求，告诉制造商我们期望电子格式的数据，且需要每星期更新。从制造商那儿得到的回应通常是他们没有这些信息，这意味着他们有这些信息，但是他们不知道怎么发现它们，获得它们，或者交付它们，或者制造商不愿意多事。任何一种情况你都需要派 IM 队伍去车间告诉他们怎么获得数据和怎么输送数据。

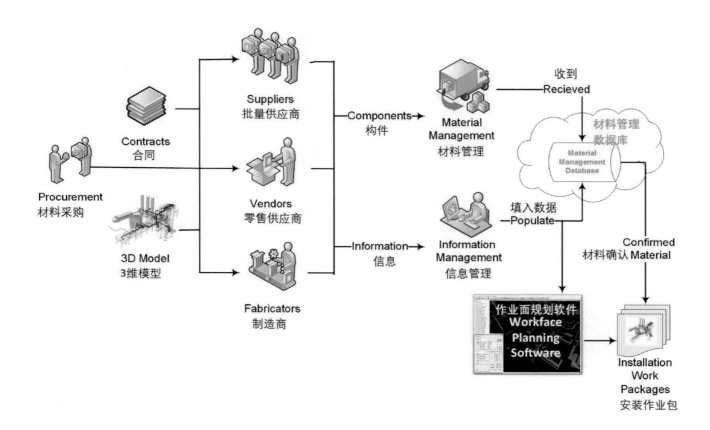

必须要得到电子数据，不能给制造商可以不给电子数据的选择。这点必须被确认为交付的成果之一，钢构件编号和管件编号一样重要。构件在场地里，但是如果我们不知道它在场地里，那就相当于没有这个构件。也许你经历过这种情形：你补做了一个找不到的管件，然后在项目结束后又在货堆里发现了看起来一模一样的一个管件。在我们最近的项目中，同样的事不是发生在一段管件上，而是发生在一个模块上。当有几百个模块时，每个模块只是电子表格里的一行，很容易不知道它们具体在哪儿放着。

所以数据是王，应该不惜成本去珍惜和保护（像国际象棋里的王一样）。正确的信息在正确的时间点显示在正确的屏幕上，这是通向项目成功的关键。

我们已经注意到了这样的例子，有的工程设计公司建立他们自己的管件编号，有的工程设计公司用管件生成软件来分配管件编号。这意味着当我们把 3 维模型传送给制造商时，这些信息已经存在了。然而，我们也发现了制造商有各种各样的理由总要做一点小改动，因此你还是需要一个方法来得到最终的编号。

g. 材料追踪：

如果你最近 10 年里在项目工地，办公室，或学校工作过，你很可能使用过 RFID（射频识别）识别证，当你进入一个受控制的区域时，需要在扫描机上扫一下你的识别证。同样的技术现在更经常地被用于追踪材料。

在我有限的知识里，有三种方法可以追踪材料：

- 有源 RFID，它发射信号，这个信号在一定的距离内可以被探测到。
- 无源 RFID，它就像是你的识别证一样，要用感应读卡器去读。
- 条形码，需要用手持扫描器去读条形码。

如果你想要知道工地上有什么东西，但是又不想花几千个小时去作数据录入，那么你需要开始考虑使用上面三种系统中的一种。

我的建议是你的选择应该和实际情况的复杂性相关。

对于 10 亿以下的项目，如果你有一个已经建立好的材料管理数据库，和一个有组织的材料储存场，那么条形码或者无源 RFID 可以使你的管理很有效。

如果你的项目是大于 10 亿，有很多个工地，或者在一个很大的区域里分布着很多材料储存场，那么有源 RFID 将会允许你发现和追踪被你的系统丢失的材料。

使用任何一种方式你都会需要软件介入，把条形码或扫描的数据转换为你的材料管理数据库里的一条记录。如果你选择了条形码，你就会发现大部分的制造商的车间里已经在用了，所以你可以建议生成标签的方式。这样你就可以把用你自己的命名规则命名的编号打印在标签上。如此一来，当这些材料运到工地后，你的施工队伍就可以读出管件或者钢构件的编号。

我们将在作业面规划那一章里花更多的时间来讨论材料管理，对于信息管理的目地来说，你需要知道在材料追踪这一点上，无论你的决定是什么，它总是从制造商那儿开始的。交付成果是一个信息管理系统，这个系统支持这样的想法：3 维模型中每个部件由独一无二的名字来标识。这意味着给制造商的合同里必须明确说明我们需要在标签上写上什么，且信息要以何种格式传递给项目，多久更新一次。

ISO 15926

我们在上本书《Schedule For Sale》里讨论了一点 ISO 15926，原则依然是相同的。如果你需要更具体的解释，维基百科（Wikipedia）给出了关于标准的一个很好的解释，FIATECH 有很多关于它的文件。我的理解是每个部件（比如说一个泵）有一些（比如说 22 条）信息的要求。当这 22 个信息框都填满后，这些数据就以 XML 的格式存在着，这样这些数据就可以和标准相兼容。

这听起来足够简单。然而，建立一个标准并把它作为业界的要求，这个实施起来是有难度的。应该有一个横跨整个业界的关于构件的行业标准，这个标准最终将会成为规则。我们可以从这一点着手帮助建立这个标准。FIATECH 已经很努力地在建立这个标准，因此我们可以做的是请我们的供应商们提供他们的可以与 ISO15926 兼容的构件数据。也就是说数据必须以 XML 格式交付，这样这些数据才能被输入也是 ISO15926 兼容的软件里。如果大家都开始这么做，那么供应商们和软件开发者们也将被迫接受这个要求。

我们项目建立的数据可以被用来支持我们建造的东西的整个寿命周期，当我们开始这样考虑时，对我们的业界的发展前景是很有用的。已经有客户要求我们把施工修正更新的 3 维模型保存下来，并把这个 3 维模型作为调试过程的一个移交内容。这样他们可以用这个 3 维模型来模拟生产过程，或模拟将来可能进行的维修和改造。这个把信息应用于整个寿命周期的想法带给了客户更高价值，并且帮助我们专注于我们初始收集的数据的质量。

h. 成本编码：

我们已经讨论过通过 3 维模型，文档控制和制造过程的生成信息的规则，现在我们需要开始想一想我们怎么在成本编码这方面使用这些已建立的项目数据。

在我的印象里，项目控制有两个主要的功能（跟控制两字无关的）。我们应用 WBS 流程在项目中建立含有大量数据的小块作业，这样就可以得到显示项目大概需要多长时间和多少资源的估计。然后我们把这些小块作业按施工顺序放在一起，这就是进度表。如果把整个项目过程比喻成一段彩带，这些小块作业就像是挂在彩带上的一个个水晶球。随着一年又一年的改进，我们可以建立越来越好的项目时间和资源估计。但是归根到底，到底需要多少时间和资源才能完成项目依然只是一个猜想，更多的时候是我们希望（WAG）能在这样的时间和资源里完成项目。

但是当我们把成本编码应用于实际花费的工时时，情况就不一样了。我们可以在某种程度上与实际比较那些水晶球，来证明我们的估计是对的，证明我们确实是可以看到未来的。但是，唉，事实上这个比较过程常常恰好证明了我们先前对项目所需时间和资源的估计是错的。我们也不过是凡人，我们能够希望的最多也不过是能够循规蹈矩。

然而这并不是说不需要建立进度表。我们依然需要用我们额叶的天赋来建立进度表，进度表要尽可能地接近估计，但是不要孤注一掷。

当我们用实际进度来追踪我们目前的表现趋势，并且帮助做出项目决定时，项目控制的最高价值就显现出来了。这有点像是在海上掌控一艘船，只是看着身后是很难知道你正在驶向何方的，但是如果你看看船尾，你就能够知道前进的趋势。这个趋势可以指出我们项目的大致方向，因此要尽可能地使数据精确，且尽可能发现原因和它引起的后果。

当我们心中有这么一个观念时，我们需要开始考虑怎么安排产生的数据块，以便能把这些数据和知识用作为项目管理的工具。

这个考虑通常从信息经理和项目控制队伍的对话开始，在这个时候我们把所有的拼图块摆在一起且开始建立这样一个视野：什么是我们项目做决定所需要的信息。

我们知道我们需要所有专业的一系列安装率，这个安装率同时需要得到承包商们和项目管理队伍的同意。我们还需要一系列进度规则，这些进度规则可以告诉我们每一个施工阶段可以得到多少信用。然后我们还需要一系列成本编码，成本编码可以把时间记录表按作业部分归总，这样我们就可以知道完成某一特定部分作业实际花了多少时间。

这是得到健康的项目控制报告需要的标准种子，给这些种子播撒阳光和水的是我们用来收集数据的流程。这个流程对工头来说必须是简单的，且能有效地收集精确的实时数据的。显然这个流程是最难的部分。至于怎么建立符合目的的成本编码的具体过程已经在第 5 章 D 小节里描述过了。

除非你是第一次阅读这本书，而且这是 2030 年以后的某个时候，或者是你的项目控制人员有神秘的好运气作用于用 WFP 软件管理的项目，否则你们的交谈应该从描述这样一个神话世界开始：项目控制数据可以在储存在项目云地址的 3 维模型里看到。只要点击一下按钮就可以奇迹般地得到每一个部件的计划工时和实际工时并且汇总到仪表板报告中。快乐的想象结束了，让我们回到现实。告诉他们这个想象是可以成真的，他们可以拥有这样的美妙工具，只不过需要付出代价。

第一件事是他们需要解雇一批老客户并且打破常规思维。建立一个把作业和时间，成本同步的系统需要一些改变，信仰和勇气。

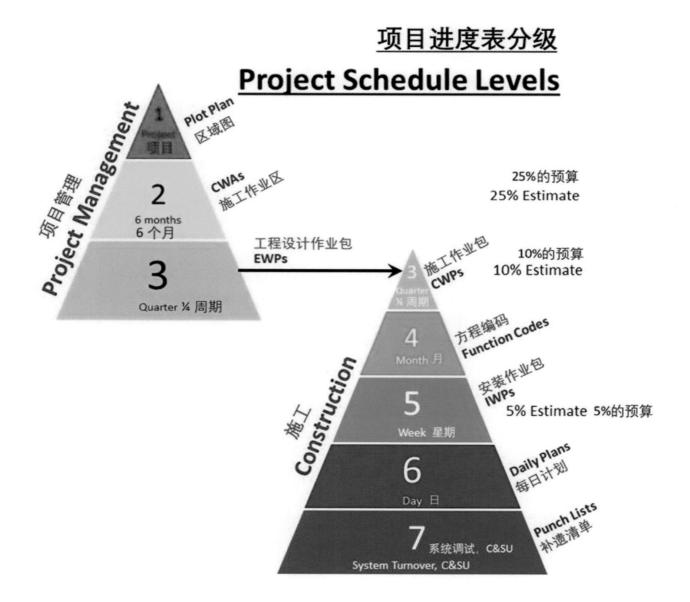

给每一个级别的进度表建立一个标准，而这些进度表也同时包括每一级要求的预算，这是一个很好的出发点。

第 3 级进度表不得不牺牲大部分的具体细节且汇总到 CWPs 。我们只有一个第 3 级进度表，把它与施工承包商们共享。施工承包商们会为他们的第 5 级进度表建立 IWPs，计划的活动将由他们所属的 WBS 编码来命名。

成本编码建立一定要是支持作业细化结构，而不是成本细化结构（当然可以同时支持作业细化结构和成本细化结构）。在把 IWPs 汇总到 CWPs 的编码中没有为大直径管件，小直径管件，重型钢构件或轻型钢构件设置编码（那不是它们被建立的方式）。时间记录表上将会标上成本编码和 IWP 号码，还需标上用于收集延迟情况的延迟编码。

用于追踪获得值（Earned Value）的安装率必须与用于项目预算的安装率是相同的，并且进程规则必须征得承包商们的同意。

项目控制报告对项目涉众是"强制"的，项目涉众从他们的手提电脑或手机上访问云地址。这建立起了一个可以从唯一的项目信息来源挖掘实时数据的世界。这意味着我们不需要目前大部分的项目控制人员。

（你也许可以让这最后的一条消息随着时间的推移自然地泄露出去）。

如果你可以把这些都放在桌面上且没有被踢出 PC（项目控制）办公室，那你正在向着把 WFP 软件建立成所有真相的来源的路上稳步前进。自从杜邦（Dupont）的 Morgan Walker 在 1956 年创立关键路径算法以后最伟大的革命在项目控制过程中就位了。

这个在项目控制中统一规则的结果是建立起了一个极简单的只显示 EWPs，PWPs，CWPs 和主要设备的第 3 级进度表，这个进度表中也结合了一系列的安装率和进程规则。这些安装率和进程规则可以被加入 WFP 软件里，最后被加入一系列的成本编码里，使这些成本编码看起来更像是 IWPs 和进度表里的活动的名字。由此我么成功地把作业，时间和成本连在一起了。

作业=时间=成本

因此，现在接近周末了，这一星期你做了所有正确的事，付出了重要的努力和加班时间，确信你有了通向成功的基础。祝贺你，你得到了回报。

第七章 ：作业面规划

我经常在项目开始时被问到这样的问题："需要我帮助什么吗？"（在我们开始之前）。在我向项目管理队伍解释了进程和结果后，他们通常都会同意沿着这条路走下去。我现在更经常使用的回答是我需要项目管理队伍和我们的资助人"帮助警戒"。这个回答通常会使人瞪大眼睛，且满脸疑惑。然后我让他们明白，当我们成功地因为严格要求 EWPs 支持 CWPs 而延误了工程设计，通过合同来推动了采购在成本上考虑顺序优先于数目，用简化的进度表和获得工时的管理把项目控制队伍的船摇到与工程设计和采购的统一起点，然后在施工办公室引起混乱也只允许他们执行可以被完成的作业包。虽然所有这些可能都没有产生任何确实的成效，但是这是项目开始成功的时候。我们需要的是项目有自信"坚持到底"并且警惕不要后院起火。

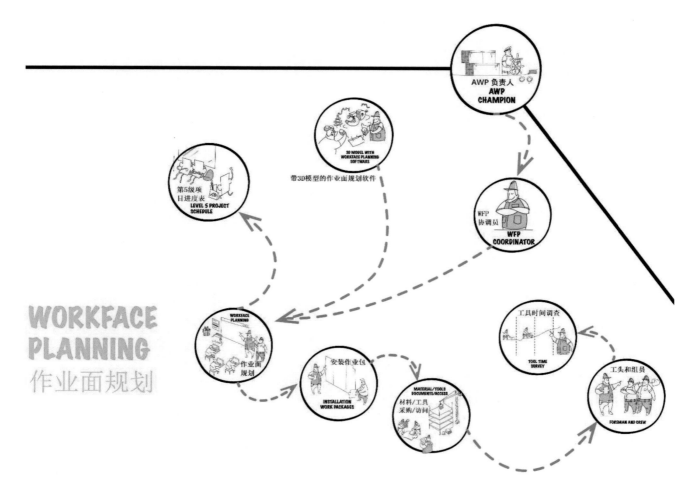

77

这时候可以开始施工了，情况在变好之前会变得糟糕一点。

此时如果你能这样做的话会对现状有所帮助：掩饰你所有的疑惑且确信没有播散恐惧的气息，给人一个好印象，让人看起来就像你已经做了几百遍那样。

真正的关键点是在大概施工完成 15%的时候，当因为你的工地伙伴没有执行计划而使得事情偏离轨道，或因为你没有想到的情况而延误时。不要恐惧，你以前打下的基础会结出果子，你终将会看到计划和执行之间开始有节奏的进行。然而，你依然有一个困难的工作要做：

如果你正好读过第一本书《Schedule for Sale》，那你就有了这一章的有效的基础知识，你将会注意到你并没有在具体的支持服务上花那么多时间，这些支持服务是：材料管理，文档控制，脚手架管理和设备管理。我们将会简单介绍它们和其他的服务，但是在高级施工作业打包理论的环境里，作业面规划专注于得到和执行施工作业包，所以这些支持服务成了主要的议题。

AWP 快速入门指南里有关于 IWPs 和约束条件管理的具体描述。

根据 AWP 的流程图，我们将会探索：

a. 施工作业包
b. 作业面规划协调员
c. 安装作业包和约束条件管理
d. 作业面规划软件
e. 第 5 级进度表
f. 工地层面的执行
g. 工具时间研究

a. 施工作业包：

AWP 流程的主要特点之一是在生产过程中有几个门槛，这个生产过程强制要求与 AWP 规则相兼容：工程设计队伍只能在一个 EWP 的最后一张图纸交付后才能得到信用（和付款），制造队伍只能在一个 PWP 的最后一个管件，钢构件或模块交付后才能得到信用（和付款）。这为每一个 CWP 建立了一个乌托邦，就像在过去的好日子里我们经常听说的那样，我们在施工开始之前可以

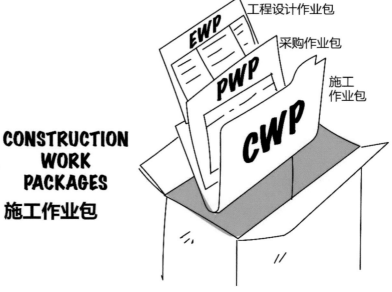

工程设计作业包

采购作业包

施工作业包

CONSTRUCTION WORK PACKAGES
施工作业包

得到所有的图纸和材料。快速追踪施工是平行地，且尽可能早地执行作业流，这也需要在开工之前得到所有的图纸和材料。可惜这个要求经常不能被满足。把每个 CWP 看作为一个迷你项目，这个理论给了我们一个有用的模式：在作业开始之前文档和材料必须到位，并且以可以允许我们在快速追踪环境中执行平行的活动的格式到位，这样就两全其美了。高效的生产效率来自于得到我们所需要的资源且缩小不同工种之间等待的时间。

施工作业包（CWP）的大小和内容目录背后的合理解释是：为单一专业而定的一系列逻辑相关的工作内容，可以由单个总监来计划。

这个大小最有效的尺度是大概 30,000 小时，这大概是 50 个工人 3 个月的工作量。为了适应作业的逻辑我们经常把这个时间扩展到 40,000 小时。但是如果一个 CWP 包含的时间大于 40,000 小时，那么如果不细分的话就会比较难计划。这么多施工小时大概等同于 250 张图纸，10,000 英尺管道，或 1000 吨钢结构，对工程设计部门和制造部门来说这也是一个很合适的工作批量。

然后，像在 AWP 小节里描述的那样，当到达离计划的执行时间还有 90 天的时间点时，CWP 调度员会把 CWP 预发布给总监去计划，然后开始小组审查。总监建立怎么分解作业内容的策略，作业面规划员需要领悟这个策略，这样他们才能在研讨会后开发建立安装作业包。

这个转变是作业面规划过程的开始，同时也把注意力引向工程设计部和制造部的 EWP 的 最后一张图和 PWP 的最后一个管件，钢结构或模块的交付结果。

b. 作业面规划协调员：

WORKFACE PLANNING COORDINATOR
作业面规划协调员

项目管理队伍中作业面规划协调员同时也是施工承包商的 WFP 队伍的一员，这一点已经比较能被接受了。这是我们经过艰难的过程才学到的，只有这样设置作业面规划协调员才有效，其他都不合用。

施工承包商们知道怎么执行作业面规划而且可以把工作做完，我们只要站在一边看着就好。这确实是一个很好的想法，但是事实上不可能这样的，而且通过阅读本书或通过给承包商们的规则流程来学习怎么执行作业面规划是一个相当大的挑战。最好给他们一个可以促进学习周期的资源。这个资源可以是一个与项目管理队伍有联系的人员，这样可以确保作业面规划协调员可以收到从工程设计部和采购部传来的交付结果。

为了让你有一个作业面规划协调员怎么运作承包商的 WFP 部门的大致印象，我们可以把他们想象为教练，一个行业专家，由业主请来把一群非常有能力的运动员训练成为一支优胜队伍。他们只对结构和流程负责，但不对具体内容负责。IWPs 由承包商们根据他们的总监所定的怎样执行作业内容（目录）的策略来建立，这一点是很重要的。他们在施工执行方面的专长是他们被选中的原因，他们在执行作业面规划方面的能力是可以培养的。

这个整合的模式是互相合作的一个很好的例子，WFP 协调员得到了项目管理队伍的许可来处理问题，施工承包商们提供人力和施工经验。我们已经在很多项目中使用了这个模式，它们运作的很好，甚至在总价合同的项目中也运作的很好。

在我们的总价合同模式中，业主在合同价格以外额外承担作业面规划员和 WFP 协调员的费用。他们的回报是项目按时或提前进行以及承包商很少提出索赔。

如果你依然认为把 WFP 协调员放入项目管理队伍是某种程度上对承包商的权益的侵略，那么回想一下我们怎么在安全和质量程序上获得成功的。项目管理队伍和其他的项目涉众携手合作得到尽可能好的团队成果。我们也要用同样的思路来考虑生产效率。

糟糕的表现其实不是承包商本身的问题，通常承包商们表现得如同我们让他们表现得那样，当承包商失败时，所有人都要付出代价。如果我们的目标是得到尽可能好的项目成果，那么整合的队伍和整体的项目思维是得到这个结果的正确方法。

如果你想避免改变的痛苦，不想伤害任何人的感情，来换取糟糕的项目成果，那么你可以使用以前的模式，设立一些不切实际的期望，然后坐下来嘲笑施工队伍的失败。但是我们已经知道这样的后果是什么。

当你确实有了全方位整合队伍和整体的项目责任制这样的想法时，下面是你的作业面规划队伍大概的结构：

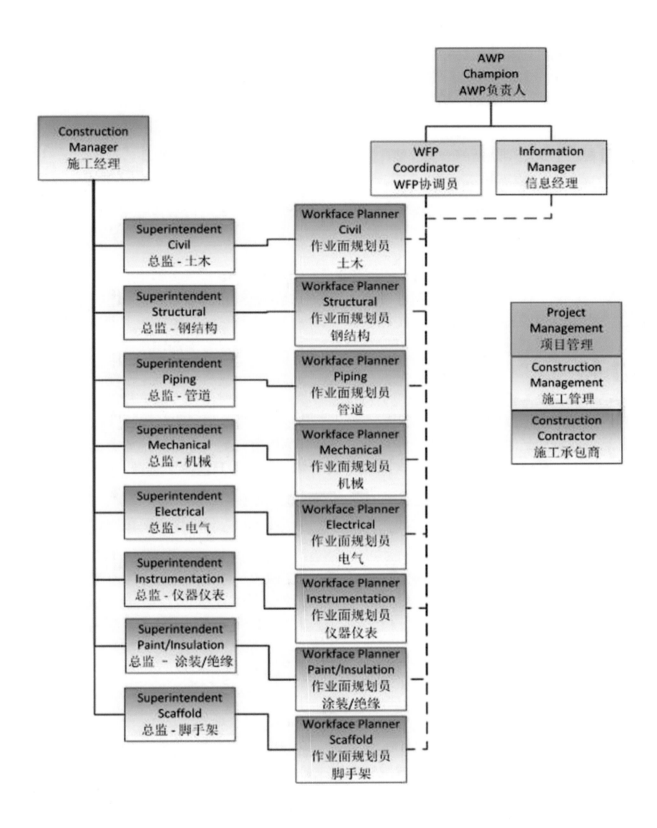

在这个整合的模型里，WFP 协调员负责与施工承包商合作建立作业面规划部，并选择有正确的态度，合适的技能和施工经验的 WFP 候选人。作业面规划员直接向他们专业的总监汇报，在组织矩阵环境中也向 WFP 协调员汇报。总监应该把作业面规划员看作是他们的财产，这点很重要。WFP 协调员很大的一块责任是建立以上的关系，且训练总监怎么使用他们的规划员。

信息管理经理也是这个队伍的一员，他的加入促使了从项目管理到施工管理的过渡。他们负责支持 WFP 软件，提供初始训练，提供日常支持，使得软件成为作业面规划员的工具。

在整个部门建立起来后，WFP 协调员的角色就转化为主持人，设立安装作业包（IWPs）和约束条件管理的标准。

作业面规划员：

我们前前后后化了很多时间来描述理想的作业面规划员，通常我们会坚持他们是有领导经验的技工，但是也可以是办公室人员或工程系学生。虽然他们都有很好的技能，也能建立 IWPs，但是他们依然缺少必要的施工经验来建立的在工头看来是合理的作业包。

如果你的部门足够大，施工经验方面的缺失可以被隐藏起来，甚至可以因工程设计方面的经验而带来一些好处，但是至少 80% 的规划员依然需要来自于建筑技工。你可以通过简单的方法认识到这点，也可以化大代价认识到这一点。简单的方法是接受我们的建议，化大代价的方法是雇用不懂施工的人来当作业面规划员，然后在项目进行到一半时发现其实工头只用 IWPs 来得到图纸和 3 维图片，这意味着你为了证明你的正确而只获得了 WFP 一半的好处。

在施工部知道了要怎么执行后，第二重要的参数是"把工作彻底完成"的工作态度，第三重要的参数是计算机技能。你可以在办公室里教会一个人用计算机，但是你不能在办公室里教会一个人施工技能和工作态度。

另一件我们确实知道的事是，很多非常合格的，努力工作的人依然不能胜任作业面规划员的职位，因为他们没有 WFP 的基础设施可用。你可以开始从 COAA 和 CII 网站的行业训练和研究中开始强调这点，但是 AWP 的执行和更具体的 WFP 知识需要来自于规章流程和经验，也就是说需要来自于 WFP 协调员。

c. 安装作业包和约束条件管理：

这是作业面规划的核心部分，也是当 Lloyed Rankin 和我很多年以前（2003-2005）为 COAA 委员会做研究时，在成功的施工公司里发现的两大关键因素。

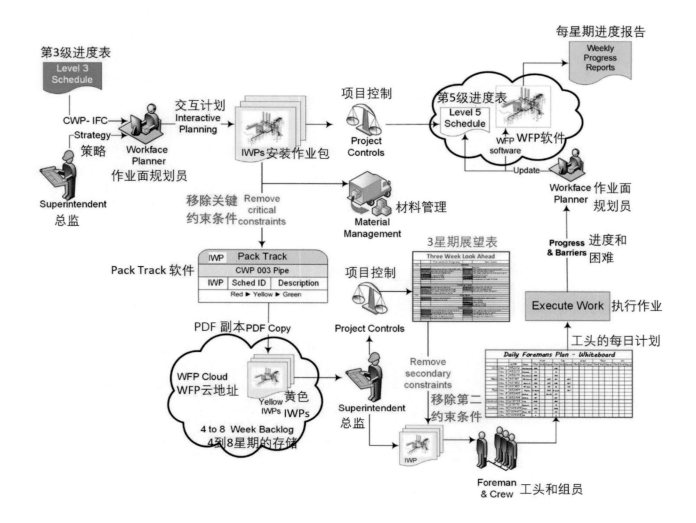

这个简化了的流程图显示了当一个 CWP 进入 90 天窗口期且得到所有 IFC 文档后，它被标示为"准备好被规划"。作业面规划员和总监与 CWP 协调员和工程实际人员进入交互计划阶段（小组检查），得到总体策略，然后创建安装作业包（IWPs）和 IWP 交付计划的大纲。然后作业面规划员在 WFP 软件上工作，在总体策略下建立 IWPs。

重点：

在施工部开始在每个 CWP 下增加定义之前建立第 3 级进度表的时候，存在一个陷阱。如果你这样做了，那么你需要在这个流程图最开始增加一步："抛弃 CWP 以下的所有进度定义"。我可以保证，不管你以为你有多聪明，你不可能比将要做这个工作的总监更好地定义施工过程。即使你定义了施工过程，施工总监也会忽略它们，他们只按照他们自己的方式做。因此请节约你的时间和努力：不要做比 CWP 更具体的计划。

外包 IWPs：外包本来应该在本地办公室里建立的 IWPs，甚至用离岸资源来建立 IWPs，这个想法有降低成本的好处，并且被推销员在投标阶段用来显示一个公司有多进步和多有"超前思维"。按照我们刚刚描述的原因（总监按他们自己的方式作业），这样做是不可行的，花在建立 IWPs 上面的时间是 100%不会满足工地的计划要求的。这样建立的 IWPs 不仅仅是不可行，总监还得想出解决方案，因此他们事实上是对施工进程的障碍。IWPs 的建立不是企图降低成本而应选择的地方。规划员是廉价的，而站在工地上等待命令去工作的焊接工人是非常非常昂贵的。因此你的 IWPs 应该尽可能地符合工地的要求。此外，在 WFP 软件里画出整个 CWP 的虚拟 IWPs 的过程可能只需要一到两天，因此，你应该在本地办公室雇一个团队，化几个星期来建立 IWPs，而不是要外包 IWPs，以致于总监需要额外提出解决方案，而且通常最终这些外包的 IWPs 还是会被抛弃。

CWP PE3-57	IWP	Description 说明	Planned Value 计划工时	Scoped 作业内容已确定 (12)	IWP Created in 3D IWP已在3维模型中建立 (12)	Inserted into LS Schedule 已加入第5级时间表 (12)	Documents IFC IFC已记录 (4)	Materials Available 材料已得到 (4)	Technical Review (RFIs) 技术审查 (4)	Enter Backlog 移入IWP存储库 (4)	Enter 3 Week Look Ahead 加入3星期展望计划 (3)	Bag and Tag Material 材料打包和加标签 (3)	Request Scaffold 要求脚手架 (3)	Request Cranes & Equipment 要求起重机和设备 (3)	IWP Hard Copy IWP纸质打印件 (3)	Safety 安全 (2)	Quality 质量 (2)	Resources Confirmed 人力资源确认 (2)	Preceeding Work Confirmed 确认可以发布 (1)	Issued to the Field 发布到现场 (1)	Work Complete 作业完成 (-1)
Civil 土木																					
PE3-57-EW																					
Grade 整地	PE3-57-EW-01	Survey for Grade 地坪测量	840	✓	✓	✓	✓	✓	✓	✓	✓	✓	✓	✓	✓	✓	✓	✓	✓	✓	✓
	PE3-57-EW-02	Strip Top Soil 剥离顶部土壤	1340	✓	✓	✓	✓	✓	✓	✓											
	PE3-57-EW-03	Grade to Elevation 1 整地到标高1	890	✓	✓	✓	✓	✓	✓	✓	✓	✓	✓								
	PE3-57-EW-04	Grade to Elevation 2 整地到标高2	730	✓	✓	✓	✓	✓	✓	✓	✓	✓	✓								
Piling 柱	PE3-57-EW-05	Survey for Piling Placement 排柱测量	620	✓	✓	✓	✓	✓	✓	✓											
	PE3-57-EW-06	Mobilize Piling rig and materials 柱塔和材料进场	450	✓	✓	✓	✓	✓	✓	✓											
	PE3-57-EW-07	Install Piles North Side 北侧柱安装	980	✓	✓	✓	✓	✓	✓	✓											
	PE3-57-EW-08	Install Piles South Side 南侧柱安装	730	✓	✓	✓	✓	✓	✓	✓											
	PE3-57-EW-09	Cut and Cap Piles North 北侧柱切割和盖帽	860	✓	✓	✓	✓	✓	✓	✓											
	PE3-57-EW-10	Cut and Cap Piles South 南侧柱切割和盖帽	1250	✓	✓	✓	✓	✓	✓	✓											
PE3-57-CO	PE3-57-CO-01	Survey for form work 模板位置测量	820	✓	✓	✓	✓	✓	✓	✓											
Formwork 模板	PE3-57-CO-02	Excavate for form work 模板挖掘	1420	✓	✓	✓	✓	✓	✓	✓											
	PE3-57-CO-03	Install form for EB-43 EB-43模板安装	850	✓	✓	✓	✓	✓	✓	✓											
	PE3-57-CO-04	Build Rebar cage EB-43 EB-43钢筋笼建立	640	✓	✓	✓	✓	✓	✓	✓											
	PE3-57-CO-05	Construct Forms for CG3-9 CG3-9模板施工	790	✓	✓	✓	✓	✓	✓	✓											
Rebar 钢筋	PE3-57-CO-06	Build Rebar cage CG3-9 CG3-9钢筋笼建立	550	✓	✓	✓	✓	✓	✓	✓											
	PE3-57-CO-07	Pour EB-43 and CG3-9 EB-43和CG3-9浇筑混泥土	350	✓	✓	✓	✓	✓	✓	✓											
	PE3-57-CO-08	Survey for Paving Area 57 57号区铺柏油测量	355	✓	✓	✓	✓	✓	✓	✓											
	PE3-57-CO-09	Construct Form and Place Rebar 模板施工和放钢筋	1530	✓	✓	✓	✓	✓	✓	✓											
	PE3-57-CO-10	Pour and Cure Concrete 浇筑和固化混凝土	480	✓	✓	✓	✓	✓	✓	✓											

当虚拟 IWPs 在 WFP 软件里建立好后，作业面规划员请总监回来，给他演示 IWPs 的 4 维模拟。软件把每个 IWPs 在 3 维模型里在屏幕上按时间顺序显示，用不同的颜色来表示不同的阶段。总监会惊讶得把下巴掉到地上，然后调整所有的 IWPs 的内容和顺序，直到总监满意为止。

现在作业面规划员定义好了 IWPs，他们开始进行约束条件管理了。第一个关键的约束条件是文档，但是因为我们直到 CWP 得到所有的 IFC 文件后才开始规划，因此虽然有一些图纸缺失，需要监控，但是在这一点上我们基本是没有问题的。

接下来的关键约束条件是材料。作业面规划软件可以显示 IWPs 的材料接收状态，因此作业面规划员会监控它们并且在 Pack Track 软件里追踪进程。下面的简单电子表格显示了 IWPs 对应与约束条件的矩阵。

如果你想真正地优化你节约的金钱和时间，你可以应用 100/80 规则，在一个 CWP 收到 100% 的工程设计资料和 80%的材料之前，不要开始任何作业。

材料的一个重要说明：很多年以来我们对材料抱着"刚好及时"的心态，我们订购材料，然后让它们刚好在我们需要之前到达工地，然而，就像你知道的那样，这是一个危险的存在。这个想法是想要降低材料管理系统中的人力和空间的浪费，但是材料交付保证本质上是很脆弱的，这使得我们事实上处于"刚好到得太晚的材料"这样一个进程。我们在材料处理上节约的 5 分钱导致在施工方面浪费了好几千块钱。这是一个很好的例子，告诉我们为什么不应该本位主义，而应该全局考虑。供应链的优化必须在整个项目的全局优化的框架下考虑。部件方面的减少浪费可以把债务转移到施工方面，且这个转移后的债务会是成倍的。

当每个 IWP 获得了所有的文档和材料，且被检查了没有因不一致而要求提供信息（RFI），它们被从红色标示威黄色，这意味着它们满足了所有约束条件，可以被存为 PDF 文件，并且上交给位于云地址的储存库。

我们在早些时候讨论过云技术，但是没有提云技术对施工的好处。当所有的黄色的 IWPs 的 PDF 文件储存在云地址的储存库里，且最新的 3 星期展望表在发表在云地址后，我们可以给所有的施工人员只读访问权，这样他们可以在任何时候，在任何地方，从任何设备上阅读计划和 "3 星期展望" 进度表。

（这对其他的世界来说再正常不过，但是对施工部来说，可是一个很酷的进步）。

d. 作业面规划软件

WFP 软件（工具） 和建立 IWPs 的过程以及管理约束条件之间的关系是一个和好的独立和相互依存的例子。各自可以独自运行，但是当它们一起用作为整体来应用时，可以得到比简单相加更多的好处：1+1=3

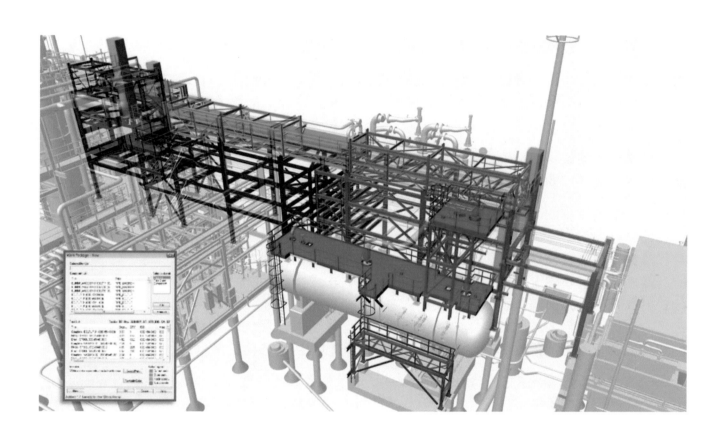

我们在没有使用 WFP 软件的情况下执行过 AWP 项目，也得到了很大的好处，但是也得到了这样一个难以忘怀的认知：我们还遗漏了很多好处。反过来也一样，如果在项目中只使用 WFP 软件而不给工头 IWP，也能得到一定的好处，但是大部分的收获没有得到，它们被遗忘在"没有达到"的废物篮里。随着 AWP 的应用越来越广泛，我预期我们将不再把使用 WFP 软件当作一个选项，而是把使用 WFP 软件作为答案的主要部分来接受。

在信息管理那一节里，我们讨论过 WFP 软件不仅是建立 IWPs 的工具，还是项目管理工具。如果是这种情况，那么当你进入施工阶段时，你已经有了这样的准备，并且已经为 Iso 产品和制造状态产生了好几个月的报告。如果不是这种情况，那么你需要给你自己 3-6 个月的时间来设置 WFP 软件，如果你不能确信到底需要 3 个月的时间还是 6 个月的时间，那么给你自己 6 个月的时间。

在这个点上，软件的关键功能是帮助 IWPs 的创立。具体的做法是：允许作业面规划员选择已进入 90 天窗口期的单个 CWP（3-4 个月的作业量）的 3 维图像，然后点击单个物体或一组物体把它们加入到某个计划中。屏幕上需要显示每个作业的计划工时（PV）和整个计划的总计划工时。当规划员在计划中加入了足够一个工人工作一星期的工作量时，他们把这个虚拟计划根据 IWP 的命名规则标上编号。重复这些步骤直到这个 CWP 里所有的物体都被计划了，这样就得到了一系列代表了总监的眼光和策略的 IWPs（30-60 个 IWPs）。这给了规划员 IWPs 的总纲，执行 CWP 里的整个作业内容需要这个总纲。接下来的步骤是审查每个 IWP 的 PV，根据高度或其它困难调整时间。然后总监和规划员把 IWPs 排入在 Excel 中建立的进度表，使它们满足 CWP 的持续时间。这同时也建立了一个基本的资源概况，这个资源概况显示了 3 到 4 个月的施工期间需要的人力资源，起重机，和脚手架。

把 WFP 软件设置在云环境中的关键益处是 WFP 软件同时可以用于存储项目文档。这允许软件把模型中的物体和相应的文件联系起来，这样规划员可以选定一个物体，点击右键，打开最新版本的图纸，把这个图纸加入 IWP。同样的同步过程可以应用于材料管理数据库，这样每个 IWP 的材料清单可以根据工地上收到的材料来审核。

规划员可以根据 IWP 来预约材料，然后显示这个 IWP 已经满足关键的约束条件（文档和材料），可以准备被放入储存库了。

让作业面规划员可以做到所有以上提到的事情的前提就像我刚刚描述的那样简单，使作业面规划软件成为只要工具是信息经理的延伸职责。根据作业面规划员的背景和来源，我们也许需要一些小组训练，但是通常是一对一的训练，并且这个训练可能要持续一段时间，最多 6 个月。这是我们需要在承包商的 WFP 部门中放入 WFP 协调员和信息经理的主要原因之一。IM 可以保障软件正常运行和在一个根据每个规划员的需要定制教学计划的环境中教导规划员怎么使用软件。。

最后，要理解施工效率的一个非常重要的部分是衡量投入和产出的比例。产出来自于获得工时计算，当在 WFP 软件里输入一个进程时，这个获得值就被计算出了。需要的投入来自于每天的时间记录表，这个时间记录表同样被输入 WFP 软件。工头在时间记录表上写上了成本编码和 IWP 号码。每个 IWP"挣到的"小时数（获得工时）除以"燃烧掉"的小时数（实际工时），就得到了一个比值，如果生产效率比预计的好，这个值就大于 1。

当一个 IWP 的进程输入到 WFP 软件中后，WFP 软件在 3 维模型中改变相关部件的颜色，这样随着得到完成的作业量的总和，可以得到已经完成的作业的图像。这不光是因为在虚拟 3 维环境中管理作业内容而得到的很酷的特色，它最大的好处之一还是可以在进程结果中显示哪些作业线已经开始了。

e. 第 5 级进度表

在 CWP 被分解为 IWPs 并且给出了计划工时和持续时间后，我们可以移到一个新定义的层次，这个定义可以描述成有+/-5%的置信度。感谢有了 WFP 软件的 4 维模拟功能，我们可以得到那些分解了的活动的顺序，这是创立第 5 级施工进度表所需的完美搭配。第 5 级进度表的一个重要的特征是这个进度表里不应该有具体作业，只应该有 IWP 号码，（比如：构建基础框架，R125）。如果有人想得到 IWP 包含的所有具体内容，他们可以从云地址上下载。

Three Week Look Ahead
3 星期展望计划

		This week (In Progress) 本星期（正在进行）		Week two 第二个星期		Week three 第三个星期
OSBL 界区外	**Sphere 球型罐**					
			IWP 施工作业包	Description 说明		Install Large bore pipe on mid level of Area 57 57区中层大直径管道安装
		PE3-57-PI-03 Weld connections between Modules 36A and B 模块36A和B之间的连接焊接	PE3-57-PI-08	Install Large bore pipe on lower level of Area 57 57区低层大直径管道安装	PE3-57-PI-11	Weld connections on LB LL Area 57 57区低层大直径管道连接焊接
		PE3-57-SS-01 Install Steel for lower level in Area 57 57区低层钢结构安装	PE3-57-SS-01	Install Steel for mid level in Area 57 57区中层钢结构安装	PE3-57-PI-14	Bolt up connections on LB LL Area 57 57区低层大直径管道螺栓连接
		PE3-57-SC-25 Erect Scaffolds 36,38,39,40 &41 模块36、38、39和41 脚手架吊装	PE3-57-SS-02	Install ladders and platforms for lower level in Area 57 57区低层梯子和平台安装	PE3-57-SS-02	Install Steel for upper level in Area 57 57区高层钢结构安装
		PE3-58-CO-15 Paving around DB36A DB36A周围铺沥青	PE3-57-SC-25	Erect Scaffolds 37,42,44 模块37、42、44脚手架吊装	PE3-57-SC-25	Erect Scaffold Tower for EB3 & Scaffold 46 吊装EB3的脚手架塔和模块46的脚手架
		PE3-58-CO-16 Foundations for CS03 CS03的地基	PE3-58-CO-16	Foundations for CS03 CD03的地基	PE3-58-CO-16	Foundations for Pumps part A 泵部件A的地基
		PE3-58-EW-12 Grading Nth end of PR PR北端整地	PE3-58-CO-18	Paving sections 2, 3, 4 under PR Nth end PR北端以下铺沥青区2、3、4	PE3-58-CO-19	Paving sections 5 thru 9 从5区到6区铺沥青
					PE3-58-SC-25	Hoarding for heat foundation Part A 地基A部加热的围板
	Cooling Tower 冷却塔					
		PE3-59-PI-04 Dress SB Pipe on Stripper tower 条形端的小直径管道修整	PE3-59-EQ-29	Set Modules 124, 125, 126, 127 设置模块124、125、126、127	PE3-59-EQ-30	Set Modules EB Tower 设置EB塔的模块
		PE3-59-EL-17 Terminate instrument cables on Stripper 剥离器仪表电缆端接	PE3-59-SS-04	Install Steel for expansion loop 伸缩回路的钢结构安装	PE3-59-SS-04	Install light steel in PR 在PR里安装轻型钢结构
		PE3-59-SS-04 Install Ladders and Platforms on stripper 剥离器梯子和平台安装	PE3-59-SC-25	Erect scaffold for module interconnects 为模块接连接吊装脚手架	PE3-59-PI-10	Weld connections between 124,125 模块124、125 之间的连接焊接
		PE3-59-EQ-28 Set Modules 119,120,121, 122,123 设置模块119、120、121、122、123			PE3-59-SC-25	Erect scaffold for module interconnects 为模块接连接吊装脚手架
ISBL 界区内	**Pipe Rack 管道架**					
		PE3-60-EW-21 Drive piles for Heater Structure 加热器结构区的打桩	PE3-60-EW-22	Cut and Cap piles for heater structure 加热器结构区的桩的切割和盖帽	PE3-60-EW-18	Excavate for undergrounds NE corner 东北角地下挖土
		PE3-60-EW-21 Cut and Cap piles for tanks 存储罐区的桩的切割和盖帽	PE3-60-EW-17	Install duct bank 安装管道组	PE3-60-EL-17	Set up pull for underground cables 地下电缆拉线设置
			PE3-60-EL-17	Install duct bank 安装管道组	PE3-60-CO-15	Paving around NE PR PR东北区周围铺沥青
			PE3-60-CO-15	Paving around DB36A DB36A周围铺沥青	PE3-60-CO-16	Pour and cure Foundations for CS03 CS03周围浇筑和固化地基
			PE3-60-CO-16	Foundations for CS03 CS03的地基	PE3-60-SC-25	Hoarding for heat foundation Part A 地基A部加热的围板
	Fractionation 分馏					
		PE3-61-PI-09 Install Large bore pipe on mid level of Area 61 61区中层大直径管道安装	PE3-61-PI-09	Install Large bore pipe on mid level of Area 61 61区中层大直径管道安装	PE3-61-EW-17	Align pumps part A 泵A部分调直
		PE3-61-PI-11 Weld connections on LB LL Area 61 61区低层大直径管道接头焊接	PE3-61-PI-11	Weld connections -2 on LB LL Area 61 61区低层大直径管道接头焊接-2	PE3-61-PI-09	Install Large bore pipe on mid level of Area 61 61区中层大直径管道安装
		PE3-61-PI-14 Bolt up connections on LB LL Area 61 61区低层大直径管道接头螺栓连接	PE3-61-SS-02	Install supports for field run tray 现场布线电缆盘支架安装	PE3-61-PI-11	Weld connections -2 on LB LL Area 61 61区低层大直径管道接头焊接-2
		PE3-61-SS-02 Install Steel for upper level in Area 61 61区上层钢结构安装	PE3-61-SC-25	Hoarding for heat foundation Part A 地基A部加热的围板	PE3-61-SS-02	Install supports for field run tray 现场布线电缆盘支架安装
		PE3-61-SC-25 Hoarding for heat foundation Part A 地基A部加热的围板			PE3-61-SC-25	Hoarding for heat foundation Part A 地基A部加热的围板

当把这些活动（IWPs）加入到项目进度表里每个 CWP 下面，且得到整个 CWP 的总小时数和持续时间时，可能会得到与 CWP 预算不同的另一些价值。从项目管理的视角来看这些数据，你可以决定是否长一点（或短一点）的持续时间更符合项目目的，或者我们是否想要增加更

多资源，平行地执行作业活动（快速追踪）来缩短（紧急）持续时间，或者想要更长的进度。

在第 5 级进度表中的 IWPs 的总和帮助我们明白我们需要建立的花费率的同时，执行作业的实际顺序也可能根据工地上的现实再次改变。这把我们带到了 3 星期展望（Three Week Look Ahead，简称 TWLA）表和项目的脉动。最终施工队伍会停下来看一看第 5 级进度表，把它想象成一个作业内容池，输出到 TWLA，也就是说真实的故事来自于第 5 级进度表。

Trade 技工	Colour Code 色彩编码	Ident 代号
Scaffold 脚手架	Orange 橙色	SC
Foundations 地基	Black 黑色	CO
Structural Steel 钢结构	Green 绿色	SS
Pipe 管道	Red 红色	PI
Mechanical 机械	Yellow 黄色	ME
Equipment 设备	Blue 蓝色	EQ
Electricial & I 电气和仪器仪表	Grey 灰色	EL

TWLA 在每星期的开发会议上建立和维护，在会上，每个总监根据他们理解的预先要求的作业的完成和发布情况，把储存库里三个星期内的 IWP 加入到 TWLA 里。这时候作业面规划员开始审视第二个约束条件：脚手架，设备，安全，质量，人工和许可证，这些都需要在 IWP 被允许进入第一个星期（开始执行前一星期）前得到解决。作业面规划员也通知材料经理可以把这个 IWP 的预订的材料包装，贴标签，和摆放好。

TWLA 格式：我们来来去去地试验想要得到最好的格式，最后我们定格在这样一个想法，当总监在建立他们的理想的施工策略时最好使用 Excel。这个方法很简单且每个人都可以运作。然而，当每个总监都建立他们独立的天堂时，施工管理队伍就需要把这些小猫们放到一个单个的 3 星期进度表里，还要带上链接和相关的条件。这种方法只适用于 P6 或者 Microsoft Project。

当你确实到了这一步，且有了整合的，在 P6 里形成了甘特图（Gantt Chart）的 TWLA，然后在 WFP 软件里运行了 4 维模拟时，你将会犯一个施工管理的新错误，那就是要注意一旦当你尝到了这个酷毙的帮助，你将不会满足于任何其他方式。

f. 工地层面的执行

当所有这些月的努力和准备以后，施工执行的日子终于来了，总监给了工头 IWP（来插入一段天使的音乐♫♫）。曾经有段时间我们认为此刻就是终点了，但是现在我们知道此刻不是终点。我们吸取到的重要教训之一是，仅仅给工头一个 IWP，就相信所有工作将会在一星期内被完成，这是盲目的也是不现实的。那些是施工专业人员，他们已被训练的习惯于接受口头命令，他们生活在这样的环境里：每次当他们想要计划什么时，旁人都会认为他们是傻瓜。而现在我们却指望他们在 3.9 秒里从 0 加速到 60 公里每小时，这显然是不现实的（你也许想要调和这些期望）。

Daily Foremans' Plan - Whiteboard
工头的每日计划 - 白板

		IWP#	Desc 说明	Mon 星期一 Plan 计划	Act	Equip	Tue 星期二 Plan	Act	Equip	Wed 星期三 Plan	Act	Equip	Thu 星期四 Plan	Act	Equip	Fri 星期五 Plan	Act	Equip
Civil 土木	Crew 1 组员 1	452C12	Pedestals 基座	50%			65%											
	Crew 2 组员 2	452C13	Foundations 地基	15			12											
	Crew 3 组员 3	452C14	PR Columns PR柱	65%			70%											
Steel 钢结构	Crew 4 组员 4	431S01	PR Columns PR柱	12T		65T	18T		65T									
	Crew 5 组员 5	431S02	Stairs CT 楼梯 CT	75%		35T	85%		35T									
	Crew 6 组员 6	431S03	PR Brace PR支撑	28		15T	26		15T									
Pipe 管道	Crew 7 组员 7	652P04	Rigging 索具	12 Spools 12 管件		125T	8 spools 8 管件		65T									
	Crew 8 组员 8	652P05	Welding 焊接	32"		Manlift 人工举升	18"											
	Crew 9 组员 9	652P06	Welding 焊接	42"			20"											
Electrical 电气	Crew 10 组员 10	278T09	Tray 电缆架	245'			390'											
	Crew 11 组员 11	278T10	Supports 支架	12			10											
Scaffold 脚手架	Crew 12 组员 12	1009S76	Tower 塔	65%			100%											
	Crew 13 组员 13	1009S77	Mods AT2 模块 AT2	12			A15											
	Crew 14 组员 14	1009S78	PR	4			7											

让工头们相信 IWP，开始考虑怎么在一星期里而不是在一天里把活动排序是一个挑战。最好的解决这个问题的方法是应用好的工头已经在使用的方法：每天在工人到达之前开一个 15 分钟的计划会议。每个工头对他们将要取得的成果和需要的资源作一个介绍，第二天他们报告和计划只能够比较他们完成了什么。只需要几个星期，工头们就可以很好地计划作业，尤其是在同事们看着的情况下。

每日计划告诉了我们计划和实际完成的作业之间的差别。这两点之间的间距可能是延误也可能是无能造成的，这两者都可以被解决。我们将在下一章生产效率中花些时间来讨论延误问题，现在我只打算提到，每个工头都需要一个故事来解释为什么延误。捕捉这个延误的地方是在时间记录表上标明延误，且写上预计的由此引起的作业流程的中断而产生的额外需要的时间。这些事故和偏差的比重可以被分类记录和汇报，这样施工管理队伍可以明白问题的大小并且解决他们。

如果这个差距没有切实的解释，那么总监就需要仔细分析，看看他们是否需要帮助工头们，给他们一些指导或训练。无论哪种方式，这个系统都很简单且运作的很好。这也是项目管理标准的提要：如果你能追踪它，你就能管理它。

现在我们到了周末，IWP 里注上了笔记和进程，作业基本上完成了。在这个时候我们需要应用一个非常重要的"**被使用**"日期的规则。这意味着就算是赴汤蹈火，也不论作业内容是否被完成，IWP 必须在周期结束时还给作业面规划员。这是一个很难实施的规则，很多时候我们会输掉这场战争。但是如果你不能把 IWP 拿回来，那么最后工头会有一堆 IWPs，它们各自处于不同的完成状态，但是没有一个是被彻彻底底地完成了的。

还回给规划员的没有完成的计划将告诉你一件严重的事实，不是你的计划不够好，就是工头选择不照做，你的关于要求的人工的预计是错误的，或者是有什么规划员没有预料到的原因使计划偏离了轨道。无论什么原因，如果作业包没有被交回来，你永远不可能知道哪里出了问题，或者你可以怎么做才能修正。

我们在好几个项目中都强制要求 IWP 必须结束，这样做的结果很好。作业按顺序完成且彻底地完成，这样工人不需要返工。这是执行作业的一种很有生产效率的方法。你可以这样做来取得同样的成果：把每个 IWP 的进程的 10%预留起来，当质量控制检查员认为作业合格且彻底地被完成了后，才给出这 10%。这对塑造完成文化很有效，且能顺利地转变到调试阶段。这也能使 QC 人员参与且让他们深入工地。

当事情不合适时会发生什么：

让作业面规划员在把作业内容发布给工地前仔细地检查一遍，这样做实实在在的好处之一是你可以预计超过半数的问题会在到达工地之前解决。我们知道这点是因为我们追踪过"信息要求书"（RFI），看到超过半数的 RFI 是由作业面规划员提交的。尽管这是好消息，但是依然意味着大概一半的问题是在工地上发现的，因此你依然需要一个流程来管理这些出现的问题。我们试了很多种方法，最后锁定这样一个想法：如果有一个当天解决不了的问题，那么为它建立一个新的 IWP。这允许我们把问题作为单独的可能需要的作业内容来设计，给出材料，小时数，计划它且调度它。在项目的结尾，当作业内容被完成，且我们想要知道为什么计划与实际之间有差距时，RFI 的 IWPs 就是整齐的一堆答案。毫不夸张地说，这非常有价值。

执行过程的最后一步是作业面规划员把还回来的 IWP 中的进程输入 WFP 软件，把任何剩下的作业内容移入一个清理作业包。

g. 工具时间研究：

这部分内容将在下一章：生产效率衡量里讨论。

模块施工

在离开作业面规划这个话题前，我想指出一点常识，这些常识在模块制造场里的生产效率上却不是惯例。

这很重要，我们可以改进一下。

因为不是施工项目的一部分所以不需要被优化，这样的逻辑不是真的，任何正为延误或模块没有按顺序交付而头痛的人都会告诉你这一点。"有人应该对此做些什么"，好吧，这里的"有人"就是我们，如果你把这一章的内容应用于模块场，你的项目的关键路径（管道支撑）将会有戏剧化的改进。

当你在模块场时，确保每个人都明白这点，我们在工地以外建造模块是因为这样做比在工地建造便宜，快速，且安全，所以，千万，千万，千万不要让可以在模块场完成的工作转移到工地去。

优化模块场是可以的，但是不要以增加工地施工工作量为代价。

第八章：生产效率管理

*生产效率从来不是偶然，它是对卓越，聪明的计划和专注的努力的承诺的结果。*Paul J Mayer。

听到我这么说可能会觉得惊讶，但是生产效率的总的管理比仅仅应用 AWP 要大。基于作业包的按顺序执行的项目环境将不会有混乱，这是一个合适的时候来开始讨论生产效率。这样一个稳定的工作场所的建立将会引起其他的机会，你也许可以发现人们想要探讨生产效率以得到更多的好处。

我们以前做过的一个项目的材料管理过程就是一个很好的例子，那时模块场经理拿着我们的计划找到钢构件制造商，按照 IWP 来装载他的拖车。这些拖车被运到模块场，在我们需要这些钢构件之前它们被一直留在拖车上。模块场经理明白，拖车的费用相对于卸载和再装载的人工费用来比是非常少的。在这种情况下，在钢结构制造之前建立的 IWP 允许模块场经理从可预测的环境中得到好处，减少双重处理材料的需要。虽然这种优化不是 AWP 的主要目的，但这是附加价值，当你给你的企业家这个机会时，他们一定会抓取这个好处的。

我们的经验告诉我们，建立一个稳定的施工环境会增加更多类似的机会，然而，同时你也许会发现你的企业家在传统施工方式的压力下沉睡，他们需要一点推动来让他们重新开始。这个推动可以来自于生产效率衡量的形式，这个衡量警告人们我们并没有达到最好的表现，在作业计划的努力之外也许还有革新和逐渐改进的空间。

以下我们将探索追踪和影响生产效率的几种方法，也同时讨论一些有助于边际收益的汇总的环境因素。

内容小节：

a. 合同
b. 业主介入
c. 生产效率负责人
d. 工具时间研究
e. 延误编码
f. 获得值衡量
g. 关键绩效指标

a. 合同

让我们从这一样一个想法开始：合同可以影响生产效率。其中的逻辑是：一个好的合同为行为建立了奖励制度从而得到好的作业效率。总价/单价合同就是一个很好的例子，总价/单价合同把风险和奖赏都转嫁到承包商头上，这样风险就得到了处理。这看起来像是业主的一个"简单按钮"。但是这样做的问题是假设承包商可以控制局面且影响生产效率。承包商知道他们不能控制局面所以他们把偶然性（那是业主认为认为他们不需要为之付出的危险）加到价格里，然后为任何超出他们控制能力的障碍提出索赔。业主付了合同的价格和所有的索赔。更糟糕的是承包商的注意力并没有在生产效率上，承包商的注意力在获得所有因效率低下而引起的索赔上。

这种情况的结论是，业主不会有那么一个"简单按钮"。你以为合同奖励会提高生产效率，但是实际上却鼓励了错误的行为。

我对此的个人看法是，总价合同只对小的，明确的和通用的项目有用。蓄水池和冷却塔的施工就是很好的例子，它们的预算低于 5 亿，有现成的设计，做这行的公司经常在做类似的项目。虽然不能担保成功，但是如果供应链很充分的话，获得可预测的结果的可能性是很大的。虽然这样说，但是项目管理依然没有"简单按钮"，为得到正面的结果依然要求业主的积极参与，由业主领导项目管理队伍以确保信息，材料，工具和访问的不间断的流通。

考虑一下这样一个想法，总价合同只有在已经有一个定义好的，允许承包商畅通地执行作业内容且不需要考虑项目的其他部分的路径的情况下才应用，这种风格的合同显然不适用于工程设计，材料采购或施工管理。在一个有效的项目环境里，那些专业必须都"服务"于施工，这意味着如果合同类型是鼓励承包商以让施工阶段付出更多成本为代价来优化他们自己的系统，那就跟合同应该起的作用完全相反。业界已经注意到了这点，时间和材料的合同几乎总是在这些专业里应用。

合同的目标是为双方建立一个对结果的期望，这个结果对双方应该是互惠互利的，双赢，引自 Stephen Covey。这个逻辑的延伸是任何合同，如果是建立来呈现赢-输结果的（比如让承包商承担所有的风险），最终都将会以输-输的结果收场，而且通常以上法庭来结束，这里唯一的赢家是律师。

总结是，虽然总价或单价合同在项目里有一定地位，但是就它们自己而言是不够用来追踪生产效率的。

在另一头，我们有时间和材料合同，这使得表面上看来我们像是放弃了让承包商来主导生产效率的想法。然而，依然可以建立包含能鼓励正确行为的要求和奖励的 T&M 合同。我们需要确切地明白 E, P, CM 和 C 各自可以做什么和不能做什么来影响生产效率，我们需要建立奖励积极行为的合同。

工程设计对施工生产效率的影响可能是提供高质量的设计和在施工之前交付之间的混合=错误率和进度承诺。

我们确实知道完美的工程设计是非常非常慢和非常非常昂贵的，工程设计错误对成本和进度是非常具有破坏性的。因此，合同应该在错误和EWPs的准时交付之间找到平衡点。这个平衡的最佳点大概是<2%的错误率和>95%的EWP的按时完成且交付率。当然，这也意味着你必须追踪它并且你的EWP的到期日期是符合现实的。

对采购，支持施工生产效率的关键要求是很简单的，那就是必须要有一个可接受的质量控制流程，这个质量控制流程在能够抓住超过95%的问题的同时还要求至少95%的PWPs可以按时完成。

如果在合同条款中强行规定这些条件，那么我们可以设想这样一种情况，在开始任何一个CWP的作业之前，施工承包商将会得到超过95%的材料，这些材料包含小于2%的设计错误和2%的制造错误。这会让我们相信我们将在一个非常有利的环境里进行施工。

作业的执行将依然受到脚手架，起重机，人力，许可证以及其他业主的问题，所以我们并不处在适用总价合同的乐土上，但是两个最大的生产效率障碍可以基本上被解决。

很容易确认施工管理队伍对工地生产效率产生影响的区域：CWPs的提供，起重机，脚手架，工地服务，材料管理等等。但是要建立一个矩阵来显示这些服务是如何有效地被提供的就很困难。虽然与施工承包商的的表现相关联似乎可以鼓励CM队伍促进承包商的生产效率，但是并没有太多主导正确行为的CM合同的例子（参见工具时间研究）。

关键是考虑各因素对施工（项目成本的主体）的影响，并以此来修正合同使得合同的目标是整体项目成果，而不是各个独立部门的成本和时间的降低。

激励施工承包商需要关注那些直接影响到他们的因素：已规划到IWPs里的作业内容的百分比，跟3星期展望表的兼容，每类部件的安置率，每个焊工的焊接英寸，返工率，总人工，安全事故，质量合格，和遗留清单上的问题数目。一个在所有这些区域里设置了取得目标成果的奖励的T&M合同将驱使承包商用最优化的模式来准备和执行作业。

总的来说，从生产效率的角度来看，合同可以用来建立一个鼓励正确行为的基础，但是它们依然不是一个可以解决世界饥饿的正确方法。关键是要制定针对支持有效率的施工的合同，即使这个合同表面上看起来像是增加了成本。这样的合同将会设置一个基础，在这个基础上业主带领项目管理队伍发挥有效作用。

b. 业主介入

关于边际收益的下一个我想探索的区域是业主介入。有趣的是，那些追踪项目表现的公司一致认为好的质量计划和业主介入是项目成功的两个主要影响力。

每个业主公司与他们的项目队伍的介入程度似乎都处于一个循环，从最小的干预可以允许承包商们做他们的事这样一个想法开始，这里承包商被雇佣来就是做事的。然后在感觉到遭受了零影响力的逃避和挫败感后，业主在下一个项目走到另一个极端，试图自己来做所有的事，这通常使得情况更糟糕。掌握了这些真实案例的研究后，业主（如果他们没有倒闭）建立了一个混合队伍，找来专家和承包商们的进程系统，把它们混合在一起，然后业主自己占据战略位置。有时候这引起重复，每个承包商部门领导有一个业主的影子内阁，这建立了一个对抗的关系。这种关系也许可以对作决定带来一定程度上的平衡和审查，但是本质上让承包商反感业主。

最有效的模式是业主介入到一个整合的队伍中，这样承包商提供工作流程，人工和专家，业主为项目成功提供指导和整体视野。

我们在好几个项目中对这个模式有切身体验，这个模式在我们的项目中运作的非常好。在我们的案例中，我们通常代表业主，我们提供工作流程（因为 AWP 专家在承包商们中依然处于开发阶段）。

我们看到的在其他部门运行的整合队伍也得到相似的结果，源于团队决策和经过很多年的经验才发现的行为，

这样才能针对整个项目想要得到的结果。

这确实意味着承包商必须允许业主在他们的地盘上操作，但是这也几乎总是某种程度的成功保障。业主很难因为他们影响下得到的结果而责备承包商。

业主代表带给队伍的另一个主要贡献是他们为机构的其他部门发声，且他们和项目管理队伍的联系能被用来推动对他们的部门很重要的问题。

整合队伍的建立确实需要一些设计和指导，如果业主代表太专制或太放松，那么队伍的方向就没有应有的平衡。最后队伍依然没有民主，业主代表作为指定的领导有作决定的责任，但是聪明人会在他们的承包商队伍的支持下作决定。

为在这个位置上能起有效的作用，业主代表也需要有些工地经验，这样他们才能提供指导和被指导。

我们的在整合队伍上的经验告诉我们，为了有效地发挥作用，整合队伍必须是在同一个地方工作，甚至可能的话，有相同的电子邮件地址，比如：John.Hancock@project.grd。

我们曾经有一个项目，整合队伍甚至不准成员们穿他们各自公司的制服。当然这也意味着必须提供成员们项目外套和衬衫。

为了证明整合是有效的，回想一下业主代表在项目结束后的评论说他们的承包商和他们合作愉快的那个项目。这表示承包商们采用了业主的建议，同时他们也提供了基于他们的经验的建议，这个合作导致了互助互得的结果。

c. 生产效率负责人

在我们转移到用更传统的方法解决生产效率前，我们还需讨论另一个关键的环境因素：承包商们畅通无阻地得到工具，材料和访问信息。这个又兜回到合同的建立和当项目管理队伍建立总体合同策略时需要考虑的因素之一。

一个简单的例子就是工具：我们知道工人需要工具来执行工作。我们还知道无绳钻头的平均价格大概是 200 块钱，在我们这儿有些地方的人工花费也大概每小时 200 块钱。

如果我们要求 T&M 承包商们自己提供工具，每小时给他们增加一定的工钱，这样承包商可以尽可能在工具上花最少的钱以得到最大的利润。如果在一个 T&M 合同里一旦工具短缺，那么业主就得付工程延误的钱，这是业主为承包商缺少生产效率而增加额外的成本。因此，一个目的是降低业主成本的合同签订策略（让承包商提供他们自己的工具），事实上促进了完全相反的结果。

要明白工具是便宜的而人工是昂贵的，所以我们的工地上必须有第 3 方工具供应商们提供给任何人任何他们要求的工具。工具供应商们有简单的追踪软件，可以通过扫描每个工人的证章来追踪工具，因此任何损坏工具的行为都可以被定位和解决。没有解决的小量的损坏的损失相对于整个巨大的人工成本来说是微不足道的。第 3 方工具供应商的激励是尽量提供他们能提供的工具，这使得每个工人都有他们需要的所有工具。

对螺栓，螺母，垫圈，电器小部件，手套，安全眼镜，硬壳安全帽也一样。相对于人工的成本来说它们每个的成本是微不足道的，第 3 方供应商们很容易在工地上备齐和分发所有这些材料。业主取消对工具的津贴，把它从付给承包商的每小时的人工成本里扣除，直接付给第 3 方供应商们。供应商们会在他们的拖车里存满各种工具且追踪所有工具的存取，这样他们可以取得最佳利益。结果就是在项目中把工具稳定地，没有重大延误地提供到准确的人手中。这是一个赢-赢状况的很好的例子，在这个例子里业主介入专业承包商们以确保供应链向工人敞开供应。

现在让我们把同样的逻辑应用到脚手架，起重机，高空作业平台，焊机，临时电缆甚至许可证上。它们都列在工人执行作业需要的清单上，因为我们总是试图使它们的成本最低，因此它们传统上也是施工生产效率的阻碍。

会计 101：

如果一段作业内容在开始前需要脚手架，起重机，电缆，许可证等等，那这已经是沉没成本，我们对它们的唯一控制方法是尽量更快地提供它们，使得它们不会招致成本的变化，也就是延误的成本。因此，限制任何这类材料的供应只会增加延误成本，然后因为低下的生产效率而引起的额外的成本和索赔而使得问题激化。

不幸的是，对这些问题没有高明的解决方法，但是我们看到他们被成功地每个单独解决了。解决这些问题和其他非 AWP 问题的真正的关键是设立一个生产效率负责人。一个懂得系统怎么工作的，能够分析输入，输出和不良结果背后隐藏的因果关系的人。

这也引起了一个问题：我们怎么去掉不良结果？我将用 Yogi Berra 的名言来回答这个问题：

"通过观察你可以看到很多东西"

翻译成施工语言就是"工具时间分析"。

d. 工具时间分析

真正工作的时间的分析是一个系统过程，这个过程记录建筑施工项目中技工们的活动水平的数字图像。通常在施工期间每两个月记录一次，它们显示了项目的真实结果和趋势，且可以与项目活动联系起来。

一个受过训练的观察员（生产效率负责人）在两星期期间内，对所有劳动力的作出好几千次的随机观察并记录，对每次观察进行以下分类：

直接：能使项目完成的活动

支持：通常是指计划和移动等支持执行直接作业的准备工作

延误：信息，材料，工具，访问和期望的短缺而引起的工人被延误。

子类别可以把观察值细分为更小的组以便于分析：

支持

1. 出差
2. 计划

延误

1. 外部：因为其他的技工或公司的延误而引起的延误
2. 内部：工人自己队伍产生的延误
3. 个人：工人自己选择延误
4. 总监：总监命令工人延误
5. 设备：因设备或工具的短缺而引起的延误
6. 材料：因材料短缺引起的延误

最近 30 年里，这个过程被很多组织广泛地应用在全球的建筑施工项目中，因此它被认为是业界工程设计和生产效率分析的一个通用平台。

分析结果的非常重要的另一面是，它们与预算，现场因素或进程报告的主观性没有联系。它们是在活动有没有进行的那个瞬间记录下来的非黑即白的图像。

延伸的价值是把结果记录在数据库中，这样允许它们可以被按照承包商，专业，区域，日期或时间进行排序。这样就可以得到特殊情况的具体分析，因为数据是跟每天的工作成比例的，所以还能得到这些具体影响因素的实际工时。

举个例子，如果一个区域有很高的移动影响，观察员注意到相对于其他设施，午餐室设施安放得离作业面太远，我们可以计算在午餐室和作业面之间来回每天要多花多少时间，从而推断出这个额外移动的时间的成本。

现在想象一下把同样的审查过程应用于信息，材料，工具，脚手架，起重机，高空作业平台，焊机，临时电缆甚至许可证的供应上。通常来说，研究得到的共同因素会被汇总为总体结果。

工具时间研究的力量是，它可以把各个因果循环单独分离开来，显示出对项目的影响，这使得施工管理队伍可以专注于高价值的问题。

生产效率负责人经常会坐下来对映射了进程的具体系统进行全面的研究，找出改进的机会。

早些时候我提到过，因为各种各样的影响因素，建立一个矩阵来记录施工管理的效用传统上来说是很困难的。然而，建立在工人活动水平记录为基础上的工具时间分析实际上是施工管理效率的记分卡。它是基于这样一个经过验证的预言：工人将尽可能地做我们允许他们做的工作。

任何焊工的行为都是对这个预言的证明：

在制造车间里的焊工有一个受控的工作环境，因此我们有一个标准的期望，每个焊工每天将焊接 100 直径时。而在一个工业项目中，如果我们可以使一个焊工取得每天 10 直径时成果，我们就会很兴奋了。焊工是同一批人，有同样的能力，唯一改变的是控制的工作环境。工地上的焊工不能控制他们能多有效地收到图纸，材料，脚手架，临时电缆或许可证，这些都是由施工管理队伍控制的。知道了这点，就很容易明白虽然工具时间分析是工人行动性的记录，但是分析结果却是施工管理队伍需要负责。

这个关系可以跟运动队来比较，教练绝对要对结果负责。他们通过优化运动员的组合，带来产生结果的和谐和平衡来取得成功。

也许在将来的某一天，我们可以把施工管理的合同激励计划和工具时间分析的结果结合在一起。

以此同时，在同时应用了 AWP 和工具时间分析的项目中，我们看到了针对研究中确定的问题的具体行为的改变。尤其是当整个项目分享了报告以后，施工管理同僚们可以拿来和他们的结果相比较。

来自工具时间研究的数据也可以帮助我们明白小的增量变化的价值和边际收益的真正总值。例如在施工工地上 2 个 30 分钟的休息时间和传统的 2 个 15 分钟和一个 30 分钟的休息时间之间的不同。以 10 小时一天来说（下一页有解释），你可以看到这个不同表现在微小的 20 分钟，但是通过视角的过滤，看到一天只有 40%的时间花在了直接工作上，在作业面上的额外的 20 分钟只增加了 2%的工具时间。

透彻地来看，按经验法则，AWP 的作业面规划部分的总成本（规划员们，软件，硬件和训练）相当于 2%的施工成本，这比从工具时间研究得到的直接活动的 1%要多一点。因此，如果你想要付 WFP 的费用，你可以在施工人工上应用两个休息时间政策，这样甚至在你开始收获来自作业规划和信息管理的回报的利益前，你就可以先得到 2 倍投资的回报了。

除了数学的优点外，两次休息系统更受工人欢迎，因此这是开始你的优化之路的很好的起点。

从工具时间研究得到的另外一些数据是我们在上午和在持续工作期间有更高的生产效率。于是在"两次休息"进度表中在上午有 200 分钟的持续工作时间。我们另外一个项目应用这些数据的方法是认识到使工作开始并不受打扰地持续进行是很重要的，因此他们禁止现场总监在上午 7 点到 11 点之间召开任何会议。

作为领先指标，工具时间研究也允许施工管理队伍解决目前的实际问题，且在非常短时间里就可以看到他们的行动的结果（通常生产效率的改变最多需要一个月就可以在获得工时管理报告中显示出来）。

	2 x 15 min breaks and 30 mins for lunch. 2X15分钟休息和30分钟午餐			
	Activity 活动	Time at the workface 作业面工作时间		
6:30	Foreman daily meeting 工头每日会议			
7am	Boots on and ready for work 穿戴个人设备，准备工作			
7:30	Start work meeting complete, tools in hand 班前会议结束，工具准备			
	Work period **工作持续时间**	110		
9:20	Tools down, travel to facilities for break 放下工具，回后勤设施休息			
9:30	Coffee break 咖啡休息时间			
9:45	Return to workface 回到作业面			
9:55	Tools in hand 工具准备			
	Work Period **工作持续时间**	115		
11;50	Tools down, travel to facilities for break 放下工具，回后勤设施休息			
Noon	Lunch break 午餐休息时间			
12:30	Return to workface 回到作业面			
12:40	Tools in hand 工具准备			
	Work period **工作持续时间**	130		
14:50	Tools down, travel to facilities for break 放下工具，回后勤设施休息			
15:00	Coffee break 咖啡休息时间			
15:15	Return to workface 回到作业面			
15:25	Tools in hand 工具准备			
	Work Period **工作持续时间**	100		
17:05	Tools down, travel to facilities for clean up 放下工具，回后勤设施清理		Direct activity 直接作 业活动	
17:15	Clean up period 清理时间			
17:30	End of shift 下班			
	Total time at the workface 在作业面的总计时间	455	x 40%	182
	Out of 整个上班时间	600		600
		76%		**30%**

		2 x 30 minute breaks 2X30分钟休息	Time at the workface 作业面工作时间		
	Activity 活动				
6:30	Foreman daily meeting 工头每日会议				
7am	Boots on and ready for work 穿戴个人设备，准备工作				
7:30	Start work meeting complete, tools in hand 班前会议结束，工具准备				
	Work period **工作持续时间**		200		
10:50	Tools down, travel to facilities for break 放下工具，回后勤设施休息				
11:00	First Break 第一次休息				
11:30	Return to workface 回到作业面				
11:40	Tools in hand 工具准备				
	Work Period **工作持续时间**		130		
13:50	Tools down, travel to facilities for break 放下工具，回后勤设施休息				
14:00	Second Break 第二次休息				
14:30	Return to workface 回到作业面				
14:40	Tools in hand 工具准备				
	Work period **工作持续时间**		145		
17:05	Tools down, travel to facilities for clean up 放下工具，回后勤设施清理				
17:15	Clean up period 清理时间			Direct activity 直接作业活动	
17:30	End of shift 下班				
	Total time at the workface 在作业面的总计时间		475	x 40%	190
	Out of 整个上班时间		600		600
			79%		**32%**

e. 延误编码

如果你追踪它你就可以管理它。

追踪延误的想法是被所有的好承包商们应用的一个简单想法。通常他们追踪延误是为了当业主问起为什么在计划和实际取得的成果之间有差距时可以有一个说法。然而，如果用心地追踪且记录，他们就可以知道这对索赔是很有说服力的，而且支持了预算和进度之间的差异。

实际问题是，当所有这些追踪都被持续进行时，施工管理队伍却没有去解决问题。延误的记录被看作是承包商们的没有证据的，甚至可能是夸张的牢骚，因此它们被忽视了。

在我们的一小部分项目里，我们强制进行了延误追踪并且记录在时间记录表中，我们最后得到了庞大的很接近量化的数据，它们直接指向了还没有被解决的施工管理问题。

业主明显不情愿支持承包商们因许可延误或脚手架的缺乏而报告的损失的小时数。然而，报告的真实价值是明白存在问题，报告的小时数显示了问题的大小。

执行是很简单的：在所有合同里加上这样的条款，要求工头在时间记录表上记录任何的因延误而损失的总小时数，且按照印在时间记录表反面的标准矩阵的格式来记录。承包商们记录延误，在星期报告里每星期报告一次。

然后施工管理队伍需要对此采取一些措施。

如果你追踪它你就可以管理它（反之亦然）。

DELAY CODES
延迟编码

Delay Title 延迟标题	Code 编码	Description 说明
Safety - Concerns 安全 - 顾虑	S 1	Task could not be performed safely 任务不能安全地执行
Safety - Inadequate Training 安全 - 训练不足	S 2	Safety training requirements not met. 安全训练要求没有达到
Plan - Preparation Not Complete 计划 - 准备工作没有完成	PL 1	Preparation for task execution inadequate. 执行任务的准备不足
Plan - Preparation - Scaffolding 计划 - 准备 - 脚手架	PL 2	Delayed by the lack of scaffold or modifications 因为脚手架的短缺或调整而延迟
Plan - Trade Coordination 计划 - 技工协调	PL 3	Access to the workface restricted by other trades 人工因其他技工的原因而短缺
Plan - Work Scope Insufficient 计划 - 作业内容不足	PL 4	Insufficient instruction, scope not identified / understood. 没有充分说明，没有确认/不能理解作业内容
Plan - Change to Workfront 计划 - 更改作业线	PL 5	Workforce delayed due to unplanned change in workfront 因为作业线的计划外改变而造成人工延迟
Rework - Fabrication / Engineering 返工 - 制造/工程设计	RW 1	Components do not fit 构件不合适
Rework - Workmanship 返工 - 手艺	RW 2	Rework task due to poor workmanship. 因手艺不好而返工
Resources - Material Unavailable 资源 - 得不到材料	RS 1	Materials for the task were not available 不能得到任务所需要的材料
Resources - Equipment Unavailable 资源 - 得不到设备	RS 2	Equipment not available. (Cranes, lifts, welders, pumps) 得不到设备（起重机，升降机，电焊机，泵）
Resources - Tools Unavailable 资源 - 得不到工具	RS 3	Tools not available. (equipment under $1500 in value) 得不到工具（价值1500加币以内的设备）
Resources - Trades Absent 资源 - 技工缺席	RS 4	Workforce did not show up (sick/absent/late/). 人工没有出席（疾病/缺席/迟到）
Resources - Trades Unavailable 资源 - 得不到技工	RS 5	Workforce shortages 人工短缺
Permit Delays - Issuer 许可证延迟 - 签发者	PM 1	Permiting not efficient. (permit not ready at start of shift) 许可证签发不够有效（许可证没有在工作开始时就准备
Permit Delays - Operating Unit 许可证延迟 - 操作单位	PM 2	Operating unit withheld permits for operational activities 操作单位扣押操作作业的许可证
Permit Delays - Other 许可证延迟 - 其他	PM 3	Permits not requested in time. (previous day) 没有及时申请许可证（提前一天申请）
Permit Delays - Unit Upset 许可证延迟 - 单位混乱	PM 4	Permits cancelled due to Unit upset. 因单位混乱而取消许可证
Travel Delay 旅行延迟	T 1	Travel between facilities and the workface > 5 minutes. 基本生活设施和作业面之间的旅行时间>5分钟
Travel Delay - Vehicle 旅行延迟 - 车辆	T 2	Travel delays created by lack of access to vehicles 因为没有足够的车辆而造成旅行延迟
Weather - Precipitation 天气 - 降水	W 1	Rain, Fog, Snow. 雨，雾，雪
Weather - Wind 天气 - 风	W 2	Wind creates a hazardous environment 风造成有害的环境
Weather - Temperature 天气 - 温度	W 3	Too hot or too cold 太热或太冷
Other 其他	O	Explain 解释

f. 获得值的管理

我们传统上是怎么衡量生产效率的呢？

最简单的说法，生产效率的衡量是投入与产出的比率。我们化了多少时间工作和我们完成了多少工作。在我的第一本书《Schedule For Sale》里，我比较了加拿大和乌干达的生产效率，在 2008 年，这两个国家有大概相同的人口数量，它们贡献了大致相同的预计人工小时数，但是在加拿大比在乌干达取得了多 100 倍的产出。这表明了技术的真正价值，而不仅仅是努力工作。这个产出作为国民生产总值（Gross Domestic Product）来表示就是小麦，石油，汽车和其他东西，以及消耗和出口的总和。投入是生产这些产品的预计的人工小时数的总和。

在施工中，方程是相同的只是用了不同的衡量单位。对于产出，我们用石油的桶数或宏观层面的建筑面积平方尺来，和垃圾的吨数或工地层面的管道米数表示。投入是人工导致的直接劳动小时数。

我们也知道追踪生产效率对行业，项目和各个独立的承包商们是很重要的，它可以作为衡量有效性的常用手段。

理论：

成本绩效指数（Cost Performance Index – CPI）更常见的是被称为生产效率比（Productivity Factor – PF），它衡量获得值（Earned Value）和花费值（Burned Value）的比值：

$PF = \frac{Earned}{Burned}$。对世界上大部分人来说，这个比值大于 1 是好的。在正确的层面（例如：CWP）上计算会给你一个很好关于你的项目相对于预算的表现怎么样的影像，但是这依然受制于预算的准确性。

如果预算是基于 WAG 上的，那么在这个层面上衡量表现仅仅是证明了你的猜想是幸运的。如果这个预算是基于标准安装率乘以实际数量，那么对表现的衡量是很有意义的。然而，如果这个公司和下一个公司的的标准安装率不同，这个对表现的衡量就可能会误导我们。而通常可能是后一种情况。这表明一个公司只按照他们自己的标准安装率来进行工作也许在市场上是没有竞争力的。

Installation Rates 安装率							
		Carbon Steel			Stainless Steel		
		Std	XS	XXS	Std	XS	XXS
Metric	Imperial	Sch 40	Sch 80	Sch 160	Sch 40	Sch 80	Sch 160
15	0.5	0.2	0.2	0.3	0.2	0.3	0.3
20	0.75	0.3	0.4	0.4	0.4	0.4	0.4
25	1	0.5	0.5	0.5	0.5	0.5	0.6
40	1.5	0.7	0.7	0.8	0.8	0.8	0.9
50	2	0.9	1.0	1.0	1.0	1.1	1.1
80	3	1.4	1.5	1.6	1.5	1.6	1.7
100	4	1.8	2.0	2.1	2.0	2.2	2.3
150	6	2.8	3.0	3.2	3.1	3.3	3.5
200	8	3.1	3.9	4.2	3.4	4.3	4.6
250	10	3.3	3.5	3.7	3.6	3.9	4.1
300	12	3.5	3.7	3.9	3.9	4.1	4.3
350	14	3.6	3.8	4.0	4.0	4.2	4.4
400	16	3.8	4.0	4.2	4.2	4.4	4.6
450	18	3.9	4.1	4.3	4.3	4.5	4.7
500	20	4.0	4.2	4.4	4.4	4.6	4.8
600	24	4.1	4.3	4.5	4.5	4.7	5.0
750	30	4.5	4.7	4.9	5.0	5.2	5.4
900	36	4.7	4.9	5.1	5.2	5.4	5.6
Sample Data							

X

Rules of Progress 进程规则						
Pipe	Receive	Install	Connect	Support	Test	Punch
	5%	20%	40%	15%	10%	10%

= **Earned Hours per IWP**
= 每个IWP获得的工时数
IWP+IWP+IWP+IWP+IWP+IWP

= **Earned Hours per CWP**
= 每个CWP获得的工时数

= **Burned Hours per IWP**
= 每个IWP实际花费的工时数

IWP+IWP+IWP+IWP+IWP+IWP

= **Burned Hours per CWP**
= 每个CWP实际花费的工时数

这个理论同样适用于衡量进度。你可以追踪你的进度表绩效指数（Schedule Performance Index – SPI），这个指数显示了你的进度是提前了还是延后了，然而所有这一切依然依赖于对持续时间的预算。这个预算也许是，也许不是由数量乘以安装率然后除以资源来得到的。（用于计算的同样的逻辑是一个宝宝的出生需要 9 个女人花一个月的时间）

这意味这在项目成功的整体愿景里，像 CPI 和 SPI 那样的生产效率参数可以帮助我们理解相对于预算而言的实际表现，但是并不是施工生产效率的好指标。如果我们预料到我们的生产效率将会很糟糕且确实如此，我们的预算就会很宽松，因此生产效率指标会显示我们达到了预算目标，我们准时且不超成本。

如果你不在意时间上会滞后一点的话，这两个衡量系统（CPI 和 SPI）对现实趋势都是有用的。从数学上来说，如果在每星期结束的时候你的时间记录表和进程都按时上交，这是合理的，只是工作情况的计算显示的是上个星期的事情进展如何，但是似乎事实从来不是这样响应的。通常需要再多一个或两个星期才能显示出好的或坏的趋势，这可能归因于人为因素。现场主管习惯性地隐藏一些进程，他们经常地为生产效率糟糕的星期预留一些进程，我知道我在现场时也这样做过。（老实说）我不想成为一个生产效率经常忽上忽下的人。

另一个追踪生产效率的方法是用同样的追踪系统来追踪相对于花费的小时数安装了多少数量。如果这样做，那么最好使用业界标准而不是公司内部安装率来作为表现的基准。

在业界，我们知道我们可以每 15 个小时浇筑 1 立方码混凝土，每 35 小时安装 1 吨钢构件，每 3 小时安装 1 英尺管件，每 0.25 小时安装 1 英尺电缆。但是每个项目都是独特的，因此需要为离地面高度，拥挤度和极端天气所引起的复杂情况在这些安装率上加一个比例。进一步说，这是我们唯一的真正的生产效率的咪表，它可以用来在整个行业里比较各个项目，因为是在一个标准尺度上计算投入和产出比率。这意味着无论衡量结果是多糟糕或多好，这个衡量是接近业界基准的。

承包商不同意使用业界标准的理由是，公司们有他们自己的代表他们的竞争优势的标准。但是他们不愿意分享他们的标准。这对我来说是完全不可思议的，然而业界似乎接受这个说法。在我看来如果一个公司总是比业界的其他公司的表现差，那么他们不想被和业界标准相比较的原因是怕失去得到工作的机会。

竞争优势或者欺骗蒙蔽？

无论你怎么看，目前在很多项目中项目表现和成功之间的缺乏联系表明设置一个健康的有很高应急计划的预算比建造一个高生产效率的基础更重要。这个基本缺陷阻碍了我们变得负责和可预测的努力。如果我们想要被世界上其他地方认真对待，我们业界必须解决这个问题。

总体有效性的第三方面是成本。有些地方工资率比西方世界低很多，那些市场背后的逻辑是生产效率没有像总体成本那样重要，这在某种程度上是事实。如一个地方的工资率是高效率工人的 20%，那么用 4 倍的人去做一个 1 个高效率的工人就能完成的工作真的没有关系吗？在当今世界可能可以，但是世界在变化。亚洲市场正在经历潮汐变化，对质量的更高要求驱使成本上涨，这正像过去 100 年里西方世界里发生的那样。

成本和质量之间的平衡是我们每个人都要面对的难题。雇一个便宜的管子工（如果有便宜的管子工的话），然后冒着当你去度假时家里地下室可能会被水淹的风险，这样会更好吗？

这个问题的回答依赖于我们对风险的容忍度，或者更重要地，是项目对风险的容忍度，事实证明通常核工厂不会使用便宜的材料。

目前生产技术已经可以跟低工资率相抗衡，这就是为什么加拿大比乌干达的生产力高那么多的原因。我也相信，如果我们应用优化技术和 AWP，未来的 10 年里我们在施工方面的生产率可以达到目前的双倍甚至三倍，同时在低工资市场上的工资和质量将会稳步增加，目前所有的差距都将会被弥补。因此，如果你还想着低工资和低质量可以和高生产率和高质量相抗衡，你的赌博是短期的，短视的，是一个冒险的策略。

这意味着"便宜人工=不需要担心生产效率"的论据是浅薄的，它有可能抵消掉任何其他的成本节约的努力和措施。

因此，我们还是要关注生产效率。

g. 关键绩效指标（KPIs）

你需要知道什么才能明白一个施工项目里的生产效率呢？2006年在一个100万的项目结束后，我们就这个问题询问了25个项目经理。特别关注了生产效率，排除了其他因素像安全，质量，工程设计和采购等。因为这些其他因素的报告功能更精细。我们最后得到了一个各种因素的广泛列表，然后在接下来的几个项目中把这个列表提炼成一个每星期承包商会议的标准管理模板。对我们的新项目，我们在开始的时候使用这个模版，然后改进这个模版，使得它适用于每个独特的项目。

下面列出的标准KPIs和理论可以使最后的报告起到信息交流的作用。在每个图表的背后都需要一个结构化的环境来生成这些固定格式的数据，在我们的世界里，这个结构化的环境就是作业面规划和在WFP软件里建立的IWPs。

总劳动力：每个星期各专业的技工的数量和他们的总数。

如果你想执行作业内容，劳动力是最先要求的。在劳动力紧张的市场上或者在非技术工人占大多数的市场上，这可是一个主要的约束条件。

也可以被用来显示主管和学徒/助手的比率。

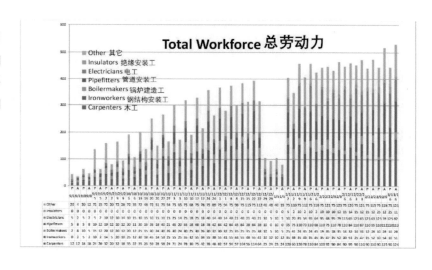

总体生产率：每星期的获得值除以花费值=PF（CPI）且累计，显示相对于计划工时的实际总体进程的百分比。

像早些时候讨论的那样，PF接近1仅仅是预算是否是幸运猜测或是计算的一个迹象。实际要看的是累积的趋势。趋势向上，那就

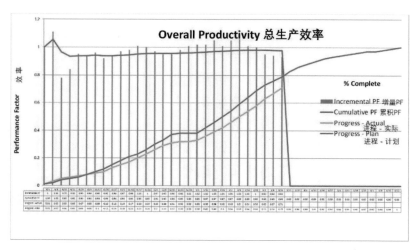

继续做你正在做的，趋势向下，那就仔细观察你的现场执行工作流程，可能有地方不对劲。

IWP 生产力：

追踪 IWPs 的建立的速度。是从 Pack Track 软件中的来的数据生成的图表。

AWP 模式要求 IWPs 以一个波浪形滚动的进度来建立，这个进度是不要在执行的 90 天以前建立 IWPs。这个报告显示了 IWPs 被建立的速度和储存的情况，以及标示出需要注意的区域。

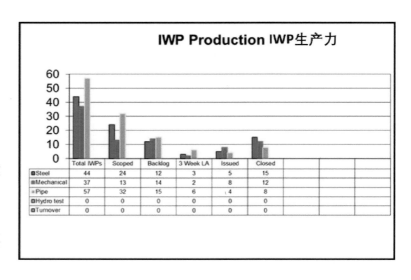

延迟： 工头在每天的时间记录表中记录，每星期汇总。这些图片量化了常见问题的严重程度。

承包商们也可以在这个报告中加入问题（数字后面的故事），列出他们觉得会阻碍生产效率的具体问题。

这是施工管理队伍的"任务"列表。

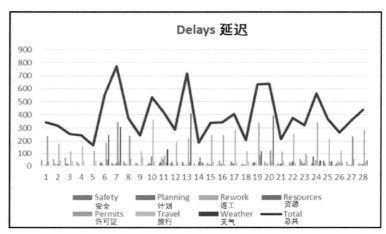

间接： 追踪间接人工占直接人工的百分比，这是很有用的信息。但是要注意，在一个应用 AWP 的项目里这个数字是很不同的，因为我们有更多的规划员和更少的工人，这是一件好事情。这个参数也显示了脚手架工人占直接人工的比率，这个比率显示了资源有多好地被应用。

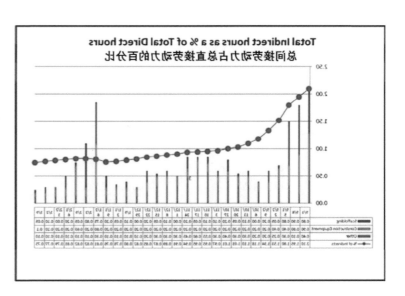

脚手架：用数量和获得工时的比率来追踪脚手架的存储，这会告诉你是否有足够的脚手架工人。

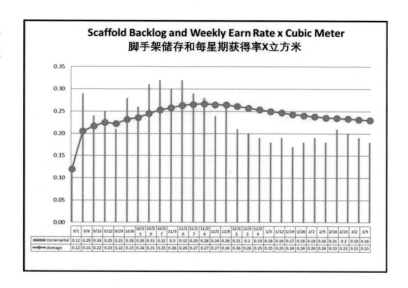

信息要求书（RFIs）：追踪没有回答的 RFIs，回复的平均时间周期，和总的 RFIs 的数量。

如果没有管理，RFI 过程可能会一片混乱。这个报告通常是每星期 RFI 审查会上的关注中心。

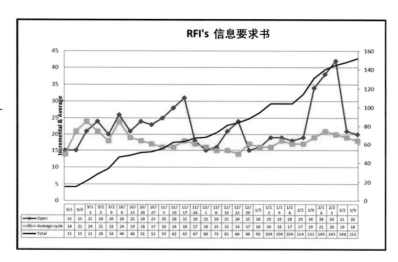

材料类别施工表现率（CPI）：追踪每星期的每种材料的总体完成百分比的 PF。一个很有用的追踪趋势的方法，可以使我们发现干扰因素。

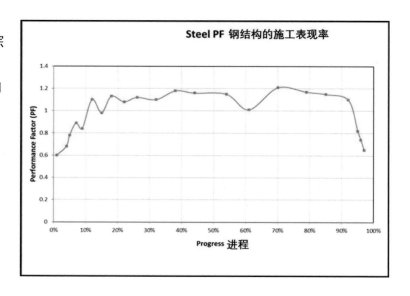

材料类别安装率：追踪每种材料类别每单位安装所用的工作时间。

这个衡量过程是项目表现对于业界标准的基准。

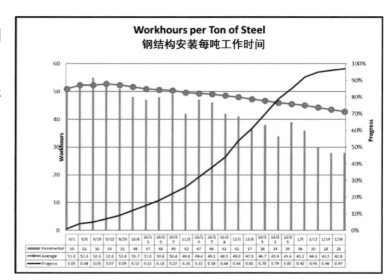

每个焊工的焊接英寸：追踪每个星期的焊接直径吋的平均值，对应于分配给管道安装的焊工的平均数，和总的焊接直径吋。

也可以显示总体完成占所有要求的百分比。

这是在一天结束的时候统计的数字。这是你的项目的脉搏，这样的报告会在任何部门帮助我们提高生产率。

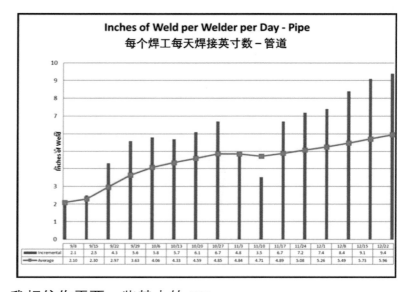

在考虑修改报告功能以适合目的时，如果你真正想要明白你的项目，我相信你需要一些基本的 KPIs：

- IWP 存储量
- 每个焊工的焊接英寸

IWP 存储库告诉你你的规划速度是否跟你的花费率（作业的执行）相符合，而焊接英寸告诉你在焊工焊接这方面项目进行的有多好。这些是生产效率的核心。

过去我们也用过一些其它格式的报告，比如缺勤率和技工流动，训练，模块完成和材料运输等。作为这些信息的扩展应用，你可以预期你的每一个项目都将有一个独特的影响工作流的障碍需要被追踪和报告。

仪表板报告： 理想情况下，报告被累加到仪表板报告上，这个报告的格式就像你车上的仪表板，绿色区域表示符合预期，黄色区域表示稍微偏离一点正常情形，红色区域表示需要项目管理层注意。这个报告显示的信息流就像报纸一样：首页是高层次总结的标题，然后按你想读的内容去找这个标题下的具体描述。

实时报告：

就像我提到的那样，难的是建立产生报告所需要的可信赖的数据的流程。除少数例外，大部分数据是在 WFP 软件环境中作为副产品而生成的。在 WFP 软件以外产生的数据有：

每个焊工的焊接英寸： 通常由承包商的质量控制部门或焊工工头来追踪。

间接工时和直接工时的百分比： 由计时员通过带成本编码的时间记录表来追踪。

脚手架表现： 储存率，获得值和平均时间周期，通过脚手架队伍维护的脚手架数据库来追踪。

延迟： 由计时员从每天的时间记录表中摘出来，并记录在一个主电子表格中来追踪。

RFIs：由 RFI 协调员使用电子表格来追踪，这个电子表格就是主 RFI 记录。

数据挖掘： 建立一个数据可以被分析整理的环境。我们用 SQL 建立了一个数据仓库叫做 **PRG Data-Lake**。在我有限的数据管理知识里，我明白这个数据仓库就像是一站式商店，每个部门按照标准的格式上传他们的数据。这个数据仓库被设置在项目云地址，它同时也从 WFP 软件中抽取实时数据。数据库的内置报告功能允许用户按他们的要就来选择过滤信息：时间窗口，专业，区域，承包商等等，这些分类了的数据可以被用于前面提到的那些表格。

对那是有数据访问权的用户来说，现在在他们的手机上有一个基于他们自己的过滤设置的实时报告了。

这实际上是一种模式的改变，我们从世界的任何一个有电话服务的地方都可以访问显示项目的目前状态的实时数据。

但是这带来了一个警告：我们怎么去处理真相。

如果我们下意识地去检查项目中每一个细小的偏差，生成数据的那些人会找到一些方法来淡化这些消息，那我们就会回到以前的状态，还是抓不到这些偏差。

作战情报室： 当你决定了你的星期报告应该有怎么样的一个格式后，下一个挑战是考虑你将会怎么去审查这个报告，由此我们映入了"战争情报室"（指挥中心）的概念。我们已经很成功地在每周报告会上应用了这个概念。

我们在很多项目上应用了这个概念且都取得了一定成功。这个概念的产生得益于我们有机会和前陆军出生的施工经理一起工作。那些施工经理显示给我们看他们的坦克，军队和补给线的精细模型。我们发现施工的逻辑跟军队模型很相似，在这两个领域里，计划，资源，约束条件和目标都是很重要的。我们从中学到了在与敌人相遇时如果没有计划就不能生还，而计划是在基本策略下制定的。

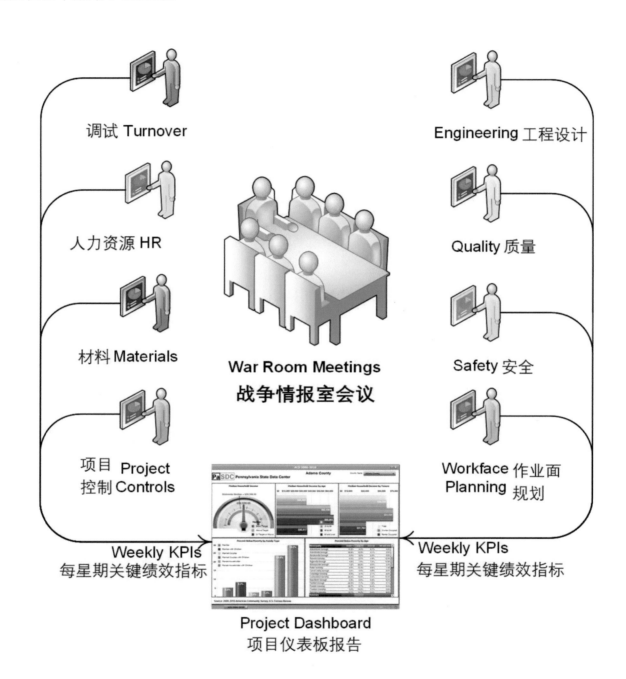

我们最成功的战争情报室的模型是：在会议室的桌子上摆上磁性白板，在白板上放上打印出来的项目总区域图。（也许在不久的将来这会是项目的全息图）。然后在房间四壁为每个专业摆上白板，软木板或计算机屏幕：安全部，质量部，人力资源部，工程设计部，项目控制部和调试部。在房间前部放上仪表板报告，作为总结。每个部门负责维护他们自己的信息白板，然后在各种会议上解释他们的报表。这样我们建立了一个信息中心，项目成员可以在任何给定的时间里从这里看到项目的现状。

总结：

有很多研究和图表都显示了施工生产效率正在下降，或者至少没有像其他行业那样增长。了解建筑施工项目的复杂性和动态本质后，很容易明白我们是如何拼命想要提高生产效率的。任何提高生产效率模型的关键是从一个稳定的环境开始，然后渐渐改进，减少投入或提高产出。工业施工唯一缺少的就是稳定，每个项目都是独特的设计和持续流动的劳动力使得施工条件每天都在变化。这创造了一个很难进行日常管理的很流动的环境，如想要提高或优化生产率的话那就更困难了。

然而实际是我们管理项目的方法促使了这些动态条件。我们在一个大方向的指导下进行工程设计，这个大方向大概地跟从一个没有定义的施工路径，并且因为各种各样的理由在设计过程中交付没有彻底完成的工程设计包。这个错误因素在采购和制造环节传递和升级，采购和制造环节只优化他们自己的系统而不为施工考虑，这样最后施工现场只得到他们需要的资源的百分之七十或八十。这么多年来，这个状况创造了施工监督这样一个职位，施工监督必须学会敏捷地处理状况。他们被称为牛仔，这些施工专业人士很善于在飞行中解决问题，但是这同时也创造了他们自己的问题。他们的努力缓冲了不合拍的工程设计，不按顺序的采购，起重机的短缺，迟到的脚手架和我们想要开始工作一小时之后才签发的许可证带来的影响。简而言之，他们正在尽最大努力使项目不要偏离轨道，但也因为如此，很难发现施工中的问题，比如糟糕的供应链对项目的影响。

来想象一下如果我们处在他们的位置时会发生什么。

我们现在的项目执行模型已经为戏剧性的变化做好了准备。当一个条件变得无法忍受，现状不再足够好时，变革就会开始。我们可以看到我们周围就有这样的例子。

以出租车行业为例。我们的社会已经变得习惯于高价垄断，我们没有选择，只能付膨胀的票价。然后一夜之间，Uber 用一个非常简单的模式成为行业龙头。迫切的需要引发模式的改变从而引起的戏剧性的变化。

想象一下，如果我们改进 AWP 模型到这样一个地步时会发生什么。我们可以可预测地执行一个几百万的项目，因为我们知道我们的生产效率，因此项目可以在 5%的预算和进度误差内完成。AWP 模型会像任何其他已经稳定的系统那样，它的流程和理论的会持续改进。

事实上我们现在已经达到这样的地步了，如果我们始终如一地应用 AWP 和标准化我们衡量生产效率的方法，我们就可以在同一标准下比较各个项目，并且可以建立由输入准确预测输出的统计法。

第九章：AWP 体验

下面的 AWP 体验是从业界的 AWP 的 SMEs 收集来的，这些体验是流程的广泛传播的示范，也是你可能会遇到的困难的看法。来自于那些开拓者们的共同的意见是，这是值得努力的但是也是不容易的。

传道书里引用了所罗门王的一句话："在阳光下没有新东西"。因此，WFP 也一样。我作为工头的第一天是如此纠结，直到那天晚上我给我爸爸打了个电话，他指点我只要做 3 件事。1-确保你的手下第一时间得到正确的信息。2-把图纸上所有的材料列一个材料清单（MTO），使这些材料尽可能靠近作业线。3-确保安装材料所需要的工具和设备在作业线上。他说，然后你就可以退下来，让那些孩子做他们被训练来做的事，他们会按照你的进度表完成工作，并且他们每次都会节约你的预算。这，是 26 年前。

我学会了通过"原则"和"实践"这两个镜片来观察这个最佳实践，这里原则是与时间无关的而实践是和时间相关的。因此，任何一个项目，无论它的地点，行业或大小，从原则这个角度我们总是应用 WFP。然而，我们怎么执行原则的实践却要随着大小，地点和行业进行大幅改变，也就是说具执行方法需要持续改进。

要知道一致性产生了纪律性，这个纪律性的行为被从头到尾地贯彻执行造就了成功。我今天看到的最大的福利是我们怎么计划，显示和追踪项目完成这一过程的标准化。

"从 21 世纪早期开始到现在，我们走过了很长的路，但是我们依然还有很长的路要走。"

Ben Swan

Element Construction

North America

"在我的世界里的关键福利是 3 维模型软件的应用。可视化的施工计划的建立在我的看来绝对是必须的。这是因为项目作为一个整体并不能总是被预见。我们在最近的一个项目中看到了这一点，在这个项目中，每星期的会议成了吼叫和争论的场所，除了给大家头痛没有完成任何事。这种状况一直持续，直到我们把计划从监工们的心中移到可以被所有人分享的 3 维视野中。3 维模型改变了会议的心态和态度，使队伍专注于同一个目标，执行同一个计划。"

BRETT HUNTLEY

AWP/IM Specialist

Nth America and Europe

"我有机会担当了作业面规划员领导的职位，来应用（WFP-AWP）的新原则 – 既然我把高级施工作业分包理论考虑成在建筑施工项目的总体阶段层面上的 WFP 原则的"延伸"，那么我将把 WFP -AWP 考虑成一个实体 – 在一个项目进行到一半的时候应用 WFP-AWP 是很困难的。这个过程的关键好处是整体研究和每个区域的作业内容的确认，这对为我们的现场队伍保持现有的工作线有巨大的帮助。我们处理的最大的困难是监工，总监和施工队伍不愿意接受这个原理且坐等所有的约束条件被移走。他们经常不按顺序而只寻找容易的进程，因此他们很愿意从一个没有任何要求的区域开始工作，以保证达到要求的工作效率。等待材料，脚手架和其他的分包商们被认为是正常施工过程的一部分。我们的重大突破是，应用作业包的队伍，甚至没有 100%地遵从原则，依然发现了巨大的好处且在最后承认这引起了很大的不同。加上，应用了 WFP 作业包且等着约束条件被移除的区域是最有条理的，取得了最高的完成百分比，并 1 且用了比别的区域更少的时间。

在应用 WFP 之前，没有任何一个人是从所有部门（材料，质量，施工等等）的视角来整体地观察被执行的工作的。WFP 作业包使"4 星期展望表"精确且持续发展。在应用 WFP 之前"4 星期展望表"只有一个不切实际的模版，而且这个模版还没有与现场的工作联系起来。

过渡过程是很令人沮丧的，很有挑战性的。因为是从项目进行到一半的时候才开始应用 WFP，因此很多目标是不切实际的。尽管如此，现在 AWP 有巨大好处已经是常识了。下次我们绝对会早些开始应用 AWP，选择有适当心态和技能的作业面规划员，应用能促使 WFP 规程的实施的关键因素。"

CHRISTINA TSEPELI

Workface Planning Lead

Oil & Gas Construction Contractor

Europe

"我在 1999 年第一次为 Geoff 工作，那时行业生产效率的研究在加拿大刚刚开始。后来我们同时在 COAA 作业面规划委员会就职，一起工作了几乎三年，研究和建立 WFP 模型。然后我使用这个模型来帮助一家主要的 EPC 公司在一系列大项目里设立 WFP。

在过去的 12 年里在 WFP 方面我们走过了很长的路，但是我们还有很长的路要走。在开始的时候，基本前提是每个 IWP 不要大于 500 小时，但是承包商们不停地建立有时会超过 3000 小时的 IWP。那些 IWP 实在是太大了，没有办法管理。

过去几年在英格兰工作的时候，我们不能按进度表进行，还有很糟糕的生产率。客户准许我们使用 Navisworks 3D 软件，因此我们可以使 IWP 可视化，且给现场监工显示应用 WFP 的益处。在承包商们进场时，他们仅仅能取得他们的 3 星期展望目标的 25%的进度成果，在一个月内，我们把 25%变成了 75%符合进度表。

如果执行建筑施工的是 EPC 公司，那在这本书的第一节里描述的 AWP 过程会运作的很好，因为内部沟通总是会容易些。但是通常情况并非如此。承包商们进入项目远远太迟，他们拼命想要建立足够的 IWPs 储存，但是时间不够，因此他们对满足目前常用的项目快速进度表准备不足。

改进 WFP 还有很多事可以做，但是这必须要由客户来推动。他们是从 WFP 的应用中得到最多利益的一方。

DAN GARON

Construction Manager

Major projects

Nth America and Europe

"作业面规划过程是在项目环境中任何成功的巨型建筑施工的重要部分，它越来越多的主宰安全，质量结果，同时加速进程和持续实施资本高效成本策略。高级施工作业分包理论作为 WFP 的基础在我看来没有什么新的东西。它确实在现代项目业务的专业水平上填补了明显的差距，因为经济的循环本质和损失率使得在建筑施工行业形成了这个差距。随着时间的推移，EPC 承包商们丧失了曾经拥有的管理施工的经验和知识的能力。尤其是杂志上报道的最有能力的 EPC 公司事实上只是 EP 公司，C 只是一个说说而已，施工作业在施工队伍的每个层面都被分包。AWP 过程提供了一个框架，建立了一个有效的施工执行方法论，它能弥补现有的差距，但是需要实践应用，且需要用一种实时的，有组织的方式来支持实践应用。为收获全部的好处，项目需要在 FEED 的后期和具体设计之前就开始应用 AWP，以确保工程设计是有组织的且专注于支持可预见的施工表现。早早接受所有的关键项目涉众且把他们整合进合同策略里以确保每个人都负起他们的责任来。"

DANIEL LAUD

Project Controls Manager

North America and Europe

"我在这个专业领域工作超过 12 年了，通过方法论和高级施工作业分包理论的应用，工业建筑施工行业的现场生产效率的正在改进。但是老实说，高级施工作业分包理论还处在被接受的早期，除了那些有远见的，可以看到光明未来的人，其他人并没有接受这个理论。在我们让整个行业接受现场生产效率是与我们现在的安全和质量文化同等重要之前，还需要很多年的改进。目前 AWP 只被作为不容置疑的能使价值增加的业务部门。

我确实相信我们会缓慢但是乐观地向 AWP 前进。业主的有力领导和与承包商的合作关系，再加上教育工具像这本《Even More Schedule For Sale》，这三者是最重要的。我想要感谢 Ryan 先生怀着目标在用高级规划回馈且推动业界前进方面的努力，这个目标是看到所有对此感兴趣的方面从成功的现场施工执行的赢-赢合作关系中的到好处。

DENNIS MEADS

Industrial Engineer

North America and Europe

作为自动符合高级施工作业分包理论的最佳实践的 ConstructSim 软件的开发和实践先锋队的一员，我们在 Bentley 得到了很多有价值的经验教训。我们明白高级施工作业分包理论的成功依靠的是 10%的技术和 90%的社会学。这个公式的技术部分是建立数据中心的关键助力。虚拟施工模型的建立引导出了一个整合的项目 IT 系统，这个 IT 系统是了作业包的建立，状态的可视化，展望计划的建立，约束分析和变化因素管理的环境。

我们也学到了程序必须结合纪律严明的项目管理领导力才能取得成功。没有简单的方法可以做到这一点。然而，我们的追踪记录显示，通过生产效率的提高和可预测性，1-2%的总安装成本的前期投资会得到 10%的总体成本和时间的降低。

要证明 AWP 确实可行，我们只需要看看我们收到的 Bentley 的年度"Be Inspired"奖的内容丰富的申请材料就行了，这些材料是 AWP 的应用使得资本项目准时且在预算内交付完成的证据。

AWP，就像我们今天知道的那样，有很多开拓者：个人，公司，和行业组织，像 COAA，CII 和 FIATECH。他们不知疲倦地工作，把行业联合起来。经年累月地建立一个合作的知识库，使 AWP 被认可为正式的最佳实践。我鼓励任何严肃地想要应用 AWP 的人至少参与这些组织之一。作为施工行业研究所的 AWP 实践委员会的主席，我在这个职位上所花的时间已经获得了回报，我觉得我们处在数字革命的风口浪尖上。这个时刻身处施工行业是多么的激动人心！！"

Eric Crivella

Bentley Systems

Global

"我在作业面规划或高级施工作业分包理论项目里工作了超过 10 年了，从加拿大开始，现在在美国工作。我看到了好的和坏的，我知道我们通过提早介入工程设计部门方面取得了一些实质性的进展。在过去 10 年里我们最大的进步是从根本上改变了我们处理文件的方法，现在我们有一个基于云技术的文档控制系统，这意味着每个文件只有一个版本。

我们的下一个挑战是把制造过程提升到有组织的层面，确保它们服从正确的顺序和使用正确的命名规则。"

JEFF FURLOTTE

AWP Specialist

North America

我们有机会在欧洲的一个复杂的改造项目中应用 AWP。在这过程中需要在文化的改变上做很多工作。即使我们意识到这是一个迫在眉睫的需要，我们在文化上的改变仍然远远不够的。

然而即使这样，应用 AWP 还是得到了很多好处，并且很容易整理结果。

施工中更多更好地应用规划是所带来的好处是什么呢？

信息更容易访问，更容易管理和交流。工作内容很清楚，很容易被规划。组织队伍中的人说着同一种新的共同语言，这种语言与他们需要讨论的内容一致。还有更多，更多。。。

最后说一句，WFP 是要去做的而不是空谈。这需要勇气。AWP 是一个合理的规划方法论，是用来服务那些在施工现场工作的人们的，AWP 使现场人员的工作比在办公室人员的工作更容易。"

GREGORIO LABBOZZETTA

Project Field Engineer

Europe

"我在 2010 年访问阿尔伯塔做研究时很荣幸地第一次见到了 Geoff Ryan 。这次旅行中，我在 Lloyd Rankin 那儿承担了为期一周的 WFP 课程，然后出席了 COAA 会议，在会议上遇到了 Geoff 并进行了几次现场访问。我带走了很多关于 WFP 的知识，帮助澳大利亚的公司们接受一种新的在建筑施工项目中交付作业成果的方法。我们在在煤层气井施工项目和很多其他典型的施工项目中应用了 WFP，结果不言自明。不可否认的是，生产效率的提高使得浪费减少，质量提高，以及进度改进。尽管 AWP 开始促使很多项目进步，澳大利亚的行业似乎还没有理解。只有少数几个真正的领头人认识到施工项目中的实际挑战，通过接受像 WFP 这样已经被证明了的规划技术，施工过程可以变得更好。我们现在看到的最伟大的好处是，通过拥有完全没有约束条件的作业包，现在每个人都意识到协调规划过程是使约束解除和浪费减少的关键。"

LIAM STITT

DipEng; MMgt MAIPM,

Fellow SCLAA, UQ Industry Fellow, LCIAQ Council Member

Managing Director Essco-pl Queensland, Australia

"我在 2003 年加入 COAA 委员会时，作为主要研究人员，我从来没有想到，15 年后我们可以看到 AWP 在世界各地被应用。当正确执行 AWP 时，我可以看到 AWP 减少了至少 10%的资本项目的总安装成本，使安全事故减少到零，提高了进度的表现。应用 AWP 是复杂的和困难的。它需要毅力，信念和决心，但是它有用，它将会是未来项目被执行的方式。

像任何改变所经历的那样，最难的部分是开端。我们在过去 9 年里举行 AWP 会议，把我们的经验展示给业主，他们对极力想要取悦他们的承包商们追求的变化有极大的兴趣。这使得每年的 AWP 会议（awpconference.com）成了很多互惠关系的理想金矿。"

Lloyd Rankin, MBA, PMP

Global AWP Specialist

ASI Group

Global

"我在很多没有应用 AWP 的项目里工作过，那些项目超出预算和落后于计划是常态。这几乎成了一个被接受的行为。因此，我们怎么结束这种状态，使我们的项目从黑暗中回归且按时完成？我在好几个项目中应用了高级施工作业分包理论（AWP），我相信这就是回答。在项

122

目中越早应用 AWP，成功的几率就越大。我们一再证明了应用 AWP 可以节约好几百万，且能使进度从延误太多变成按时完成。有好些个很好的 3D 程序可以帮助管理和整理你的文件和进度表，但是如果没有专家们在背后工作，你的 IWPs 将不比打印它们的纸张更值钱。高质量的作业面规划员是使公司的 AWP 成功的驾驶员。"

LORNE SOOLEY

AWP Specialist

North America

"高级施工作业分包理论就像作业面规划一样，说起来容易。此外，一旦人们开始审查它是什么和它的潜在结果时，它是合理的。然而，在我们崇尚及时享乐的环境里，很难承诺真正地去做，这是一场巨大的，费力的斗争。

我觉得世界的其他部分已经生活在信息时代了，我们早该认识到在建筑施工中有同样的潜力。信息管理是高级作业分包理论的组成部分，它是我们最有挑战性的前沿。

考虑一下这样的情形：

回答一下我们在项目里被问到的所有关于信息的问题：材料在哪里，作业内容是什么，工程设计状态和施工进程怎么样。项目中有些人已经知道这些信息。如果我们可以发现一个方法把这些信息提取出来然后分享它，那么每个人都会知道这些信息，这将帮助人们做出明智的决定。

从我掌握的第一手资料，我知道我们已经有能力建立一个以云技术为基础的单一版本的项目真实状态，所以我们不需要考虑是否可能这个问题，我们只需要愿意去这么做的人。建立数据管理为王的一个环境需要决心，勇敢，信任，而最重要的是需要领导力。"

Marco de Hoogh

Information Manager

Nth America and Europe

"我在过去十年里一直与 Geoff Ryan 一起工作，从作业面规划（WFP）开始，发展到高级作业分包理论（AWP）。我很感谢他花时间把这么复杂的想法用简单的形式写在纸上从而推动了改变。这本对 AWP 的指导书很详细地很全面地解释了 AWP，我非常推荐每个人都读一读，不论他们的组织接受 AWP 流程到何种程度。

我作为 Hexagon 的 PPM，很兴奋能够帮助我们的客户发现 AWP 的好处。虽然 AWP 起源于北美，但是我们看到它在全球范围的应用快速增长，尤其在石油和天然气，采矿和能源行业。对我们那些接受了 AWP 的顾客，我们看到他们的真正的工作时间增加了 10%。这是难以置信的。总的说来，一个公司能节约多少取决于你们执行过程中数据中心化程度有多高。"

"这完全是合理的。"

Michael Buss

Senior Vice President

Hexagon PPM

Global

"自从 Geoff Ryan 和我在同一个油砂工地一起工作以来已经有一段时间了。在那儿他给了我一本他的第一本书，这真是一个令人大开眼界的完整的启示。怎么有效地准时交付结果并保持质量，不超出预算看起来很容易！当我阅读这本书时，我顿悟到这应该用于指导我的所有专业活动。

本书亲切具体地描述了事件和步骤的顺序，通过移除约束条件这样一个简单的办法来确保项目呆在正确的轨道上。这些没有解决的或没有移除的约束条件将会是施工进程的障碍。

最有教育性的是这个简单的步骤（约束移除）在广阔的区域里提高了总体生产率，同时减少了所有相关人员的等待时间。

从我的经验看来，把作业面规划的基本原理应用于建筑施工业以外的行业会得到同样的结果：更有效具体的计划和更好地人员投入，更少的时间和资源的浪费，增加材料接收，签发和追踪生产运输状态的准确性。

我鼓励任何人，无论在哪儿工作，无论在哪个行业工作，都应该拥有这本书；我手上的这本书因为看得太多已经破了。这是我知道的可以一试的，可以在成本，质量和时间的管理上取得卓越成果的唯一方法。"

PAUL KALLAGHAN

Warehouse Coordinator

Northwest Redwater Partnership – Sturgeon Refinery

Alberta, Canada

"很多组织发现对流程和实践进行严格审查和改进，伴随积极的训练和要求是不足以认识到 AWP 是持续发展的。对我来说，应用持续发展的 AWP 的基础在于承认，理解和克服困难实现变革的激情。**组织转型**（Organizational Transformation）这个词被作为 AWP 的基石，但是在工作队伍方面有更基本的观念认识到实现可持续改进的可能性。**改变准备**（Change Readiness）专注于整个企业范围内的个人和集体的观点和偏见，这些偏见可以引起倒退，使得 AWP 的引人注目的优势消失。一旦 1 考虑到这一点，组织就能够更好地理解隐藏的重大障碍，从而为长期接受 AWP 做出更有效地，更有目的地努力。"

REG HUNTER

R.W. Hunter & Associates, LLC Fiatech Program Dir. (retired)

URS/EG&G/LSI Productivity Improvement Systems

Solutions Dir.

USA

"高级作业分包理论，用一个试图不想接受它的人的话来说，是"没有新意"的。这对那些寻求应用它的人来说是值得欣慰的。AWP 确实没有多少新想法，但是作业分包是一个已经建立了的概念。AWP 只是为适应现代资本项目的复杂性而升级了它。毫无疑问如果恰当地应用 AWP 会得到巨大的生产效率的提高，增加成本和进度的可预测性。和大多数事情一样，细节决定成败。AWP 是一个对现场执行进行早期计划的系统方法。它需要持续关注很多方面以得到成功。糟糕的 AWP 应用将不会产生效益 – 那些试过了但是失败了的人更愿意把失败归罪于 AWP 而不是他们自己。对那些取得一定成功的人，AWP 依然是一个成熟的做法，每个组织都在学习怎么在他们的文化和实践中应用 AWP。

这本书不会是业界改进的定论，但是它肯定有很多好内容。有思想的从业者如果不研究学习它就是失职。"

WILLIAM J. O'BRIEN, PE, PhD

Professor

The University of Texas at Austin

Nth America and Europe

第十章：未来

未来看起来会这么样呢？

我自己对未来的看法是，业界已经准备好颠覆性创新的大规模革命。沿着断层线，一边被锁定为传统，停滞，不可预测的施工，另一边是由创新，问责制和改革的迫切需要引起的巨大的累积压力。其他每个行业都已经发现了创新的方法并极大地改进了他们的生产效率，但是工业建筑施工项目依然固执地抓住他们的传统执行模式，我们知道这个模式是不可行的。因为项目队伍不想应用"已知的最佳实践"而使得项目超成本超时间，这种情况你认为还可以持续多久呢？项目经理们以无知或传统为借口还能持续多久呢？

我的猜想是引起游戏规则改变的地震将由以下机构引发：一个执政团体，一个命令所有公共项目必须应用 AWP 的政府，或者是一个只给应用 AWP 的项目投资的金融部门，或者也许仅仅是强制所有项目应用 AWP 的主要石油和天然气，电力，采矿或化工公司。需要是明显可见的，AWP 路径是被制定和证明了的，作为一个行业我们只需要成熟到明白糟糕的项目表现只是你选择的结果。

破坏性创新的模型为改变确认了一个模式，这个改变是基于敏捷的球员填补了因巨人忙于让旧模型工作而留下的空白。这是我们在行业里能够看到的，老守卫是如此地执着于他们已有的流程，他们将不会接受新的游戏规则。我们迄今为止的个人经验是：我们的成功来自于渺小的积极的新球员。

在刺激和反应之间有一个空间。在那个空间里是我们选择和成长的力量。

Viktor Frankl 曾经讨论过我们快乐或至少控制情绪的能力，我把这个陈述比作房间里的成年人。当一个青少年在你的厨房里发脾气时，双方很容易陷入反击行为，互相争执，各说各的理由，最后你用"在我的房子里执行我的规则"这样的失败宣言来结束争论。作为在项目管理室里的成年人，你的责任是不要本能地按你的感觉来回应，而应站在高处看问题，承认改变也许是好事，要用逻辑而不是用情绪来回应。在有不同意见的时刻，真正的领导力将会展示它们自己使自己的意见会被接受。

我们的世界是不断变化的，你有机会往前走或被留在沙漠里彷徨。这并不意味着你必须喜欢变变，但是你必须要理解，明白对抗变革是一场必输的战争。你会发现试图想出理由来支持对抗变革是很烦躁的，因此我对你的建议是要么登上变革的列车，要么不要挡道。

那么，变革看起来是什么样的呢？

变革是颠覆性的变化，创新的狂野，一系列的自我实现，常识的哗变，代理商的更换，理念方法的兴起，世界秩序的重组，失败后的成功，不受限制的访问，积极的不稳定，可视化技术，打破限制，激情的决定，问责制的再区分，以及数据推动的革命。

变革是促进增强现实，人工智能技，虚拟现实，增强智能（想一想 Iron Man 里的 Jarvis），无纸数据中心项目，BIM，精准制造，敏捷宣言，掌上超级计算机，3D 打印机，建筑施工应用软件和体感控制器的应用。

所有这些创新现在在一定程度上都可应用了，他们进入我们项目执行的世界仅仅是个时间问题，取决于我们对数据的访问程度和接受改变的容量。

现在市场上有不少于 25%的职位是由没有受过对口专业培训的人士担当的，因为他们工作的这些职位在他们上大学的时候根本不存在。我们每个人现在的职业生涯平均数是平均每人一生换 4 次职业，而我们的祖辈那一代人通常一生都做同一个职业。按从我们的祖辈到我们这代人之间的发展的加速度持续下去，到我们的孙辈时，他们的一生可能会有超过 10 次的职位变化，根据这个逻辑来计算，最后得到的

结论是未来大部分的工作将会是在目前没有人能想到的领域。所有这些都将在我们生命的未来 20 年里发生，这意味着我们生活在一个激动又恐怖的时代。

唯一不变的是改变。

AWP 的创新的传播过程
The Diffusion of Innovation Applied to AWP

冒险家，寻找
非传统方法

每年 2 千 5 百
万的项目在不
同的程度上接
受 AWP

第二只老鼠得到
奶酪，小公司发
展成的大角色

每年 1 亿 6 千万
的项目在不同的
程度上接受 AWP

认识到飓风且抓
起冲浪板的公司

每年 5 亿的项
目在不同的程
度上接受 AWP

为生存挣扎的
恐龙

每年 8 亿 4 千万
的项目在不同的程
度上接受 AWP，
AWP4.0

侥幸存在的最偏远
的施工方，还是必
须要接受 AWP

每年 10 亿的项目在
不同的程度上接受
AWP，AWP5.0

| 2010 | 2020 | 2030 | 2040 | 2050 | 2060 |

创新阶段 2.5%
Innovators
2.5%

早期接受阶段 13.5%
Early adopters
13.5%

多数阶段早期 34%
Early Majority
34%

多数阶段晚期 34%
Late Majority
34%

全面执行阶段 16%
Laggards
16%

??????
Government regulation 政府规章
和 PMBOK 整合
Integrated with PMBOK
AWP，精准制造和敏捷理论融合
AWP Lean, and Agile merge
BIM 接受 AWP
BIM adopts AWP
金融规章
Financial regulation
无纸项目
Paperless projects
争论现实
Augmented Reality
Cloud projects
应用云技术的项目
行业基准
Industry Benchmarking
进阶施工进度规划
Even More Schedule for Sale
创新项目
Innovator projects
AWP 模型
AWP Model

Disruptive 破坏性创新
Innovation

Advanced Work Packaging 高级施工作业分包理论

128

创新的传播

基于我们每年 10 亿（1000$Billion）项目的建筑施工行业，我看到 AWP 的整合通过一下这些阶段走向成熟。

2010 - 2020 – 创新阶段：每年 2 千 5 百万 ($25 Billion) 的项目在不同的程度上接受 AWP。那些人是积极寻找非传统方法的冒险家。业界看到一些卓越的成功，开始明白通向成功变革的道路是流程，社会学和技术的组合。

2020 - 2030 – 早期接受阶段：每年 1 亿 6 千万 ($160 Billion) 的项目在某种程度上接受 AWP。那些人是熊而不是牛，他们用第二只老鼠能吃到奶酪的逻辑指导他们前进。他们通常是由小公司成长起来的大角色或者是学着重塑自己的大公司。这个阶段也是项目管理的黄金时代，有破坏性创新事件的闪亮点缀，这些事件让这个行业受到关注并实现了承诺的巨大成果。技术成为承包商们的标准特色，纸张消失，云地址是所有数据和交流的平台。在这个阶段结束的时候，AWP 模型将会是 3.0 版，它将在 PMBOK 的框架下按作业分包的逻辑整合精益制造，敏捷宣言和 BIM 原理。

2030 – 2040 多数阶段早期：每年 5 亿（$500 Billion）的项目接受改进了的 AWP，那些项目多数是天然气热电联产（Corgon）项目，用于产生我们现在使用电力汽车，火车和飞机所需要的电力。加入淘金热的公司们意识到潮汐已经改变，宁可在海啸里冲浪也不要沉没。他们是为政府项目工作的或是维护合同的公司，这些公司在这个阶段都接受 AWP 的规矩约束。

2040 – 2050 多数阶段晚期：每年 8 亿 4 千万（$840 Billion）的项目在某种程度上接受 AWP。多数阶段晚期是"捕捉恐龙"，这里恐龙是指那些不愿意做他们被告知要做的事来讨好业主的公司。这些公司常常不能通过 AWP 审计，他们得到项目只是因为他们的销售人员穿着体面或他们是唯一可选的公司。在这个时期末 AWP 已是 4.0 版，那时承包商们必须为项目资产的整个生存周期做维护。

2050 – 2060 全面执行阶段：行业每年 10 亿（1000$Billion）的项目现在百分之一百地被强制要求应用 AWP5.0。AWP 的方法论是作为高级项目管理（Advanced Project Management）在高中里被教授的标准模式。最后登上 AWP 这艘船的公司们是来自地球黑暗处的，不知何故躲过了种种打击一直生存到现在的未知队伍。

现在想象一下当我们的 10 亿行业提高生产效率 25%且降低 1 亿的花费时会发生什么。那时至少每年可以有另外的 1 亿来兴建更多的学校，医院，道路，水处理厂，铁路系统和环境项目。我们还从经验知道革新带来革新，因此成本和进度的下降速度在这些阶段里将持续增加，我们将持续用更少的资源做更多的事。在此之上，引入的技术会继续驱动成本下降，工资率上升和安全事故降到底。

有什么理由不喜欢呢？

AWP 的 进化。

在过去的 10 年里，我们看到作业面规划（Workface Planning）慢慢成熟演变为高级作业分包理论（Advanced Work Packaging）。这是从为施工队伍建立的安装作业包（Installation Work Package）到工程设计和支持施工的采购作业包（Procurement Work Package）自然演变而来。在接下来的 10 年里，我有信心我们将会看到在云技术上的信息管理会像胶水一样把所有方面连在一起。

在商业上，有一个持续改进的标准，建议公司每 7 年做一个飞跃，这符合经济也每 7 年一个周期（自从大萧条以来）的逻辑，人们每 7 年换一批朋友，换一下口味，和换些东西过敏。

无论周期怎样，我们知道商业世界按周期运行就足够了，幸存者在波浪上冲浪和穿过泥泞地带。一旦认识到事物运行确实是有周期的，我们就可以在事物运行缓慢时预测什么时候会再次忙碌，当事物蓬勃发展时，预测什么时候行业最终会慢下来。再次使用我们的额叶来指引我们为将要到来的事件作计划：当处在低谷时，为即将到来的蓬勃发展作准备，当处在高点时，为安静时期做好准备。

如果这个周期性复兴是真的，那么我们也应该期望 AWP 每 7 年左右调整一下，这已经开始被证明了：2005 – WFP 然后 2012 – AWP。我期望 AWP 的下一个版本将会是微妙的，也许是一些已知逻辑的整合。它也许是 AWP 和信息管理和 WFP 软件的融合，也许是工具时间调查是模型的一部分而不是额外选项的想法。它可以是过渡到标准部件类安装率，或 AWP 原则和其他证明了的项目管理流程的混合。无论哪种方式，E，P 和 C 的作业包的基础已经打下，让进化开始吧。

AWP 和其他项目管理方式的整合是一个有趣的想法，它开始生根发芽了。我们已经有两个项目与精益制造专门人员联合，取得了惊人的成果。

我们最成功的项目使用了敏捷宣言，BIM（建筑信息建模），PMBOK（项目管理知识体系），Kaizen，Six Sigma（六西格玛）的单元，和很有帮助的最后计划者（Last Planner）理论来帮助它们达到它们的目标。

这意味着 AWP 的下一次迭代也许是一个统一模型，在这个模型中，一个或多个系统被来通过 E，P, 和 C 促进作业分包的总体原理。

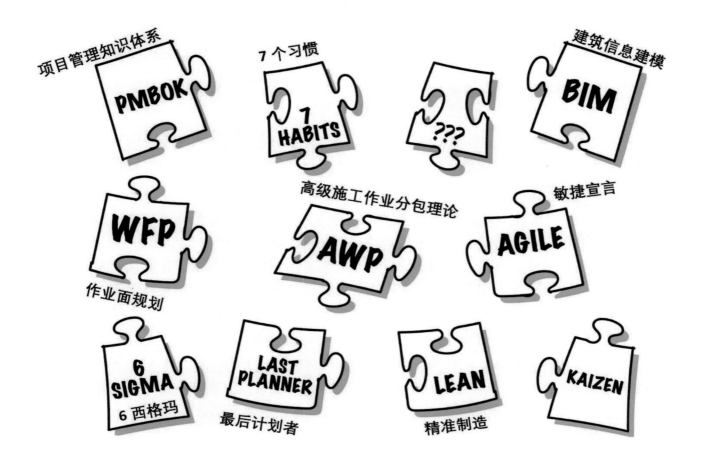

那么，其他还有什么事物正在改变世界呢：

敏捷宣言（Agile）：一个协作性竞争理论（就像橄榄球竞争），为队伍设置一系列增量式的里程碑，以取得总体结果。每天 15 分钟的检查会议和一个月的冲刺以达到设定的目标。允许成员个人创新的自由，同时要求团队合作。

建筑信息建模（BIM）：为商业建筑施工管理建立智能 3 维模型的流程，构件的具体信息是模型的参数。如果在 3 维模型中选择一个物体，你会得到这个物体的全部规范包括价格，以及存储状态（收到，安装等等）

基于模型，为变化而持续改进（Kaizen）：确认问题，分析过程，建立解决方法，应用变化，追踪结果，修正解决方法，周而复始。

精准制造（Lean）：计划－做－检查－行动，周而复始。专注于通过减少时间和材料的浪费来优化生产效率的持续改进过程。从 Dr. W. Edward Deming 和他的全面质量管理的 14 分诞生的一个非常坚实的逻辑方法，由丰田（Toyota）完善，现在被全世界应用。

最后计划者（Last Planner）：作业执行的规划流程，在这个流程里工头为他们自己建立作业包，这些作业包是按照这样的要求建立的：可以做什么，应该做什么，以及将要做什么。（这是演变成 AWP 的基础）。

PMBOK：项目管理知识体系是技术项目指南，它从，横跨项目 5 个阶段的 9 个知识领域来确认输入流程和输出。在 2016 年，全世界有 710,000 个认证项目管理专业人员（PMPs）。

六西格玛（Six Sigma）：是对特定目标进行明确质量控制的数据统计建模。目地是在流程里改进具体任务，使错误率落在一个可接受的狭窄区域。

高效人士的 7 个习惯（7 Habits of Highly Effective People）：这更是一种思想而不是流程，这是商业社会学的支柱，它可以指导即将到来的变革。任何严肃地想要在高级项目管理领域工作的人都必须一定要学习这 7 个习惯。

对那些想要试一试的读者，这里没有详细说明它们的内容并不意味着放弃那些流程。我只想让读者明白，存在着可以改进项目结果的现成模型，它们不是和 AWP 竞争的，它们是受欢迎的。我们都在试图改进结果，每个流程都是这个非常复杂的拼图的几部分。而且（大胆地挖一个争论的坑）没有一个流程可以回答全部的关于优化表现和可预测的项目结果的问题。正确的答案是将这些流程和其他根据经验数据演变而来的流程的混合起来，这很可能将会每 7 年左右给我们一个新的混合变体。

可以预见的是，新模型将会是那些建立在作业包创立和执行的平台上的其他系统的长处的混合，那是 AWP 的支柱。当然，我们现在已经在 AWP 模型里看到那些系统的一些元素。我们的挑战是建立一个简单系统，把那些已知的"最佳实践"理论的最好部分混合成为一个可运行的模型，使得其他人可以执行这个改进的模型。

躺在我们面前的障碍之一是这样的逻辑：我们必须完全抛弃已有的车轮而去重建一个新的车轮。但是这很可能使结果更糟糕。我们已经有了一个车轮，我们也有很多很好的技术，我们只需要用现有的技术去改进我们已有的车轮。

所有那些系统都是有目的地建来为具体问题填补流程上的空白。但是问题本身是很独特的，同一个解决方法不适合所有的问题。因此，开发答案的关键是彻底明白目前现有状态和期望状态之间的距离，然后从菜单里选取一些系统的或这些系统的几部分，组合成一个能够解决问题的方法。

工业项目执行的核心问题是工程设计，材料采购和施工之间的错位，这造成了目前的事实：施工队伍争相寻找连续的工作前线。AWP 被业界专门设计来解决这个空白，因为 AWP 引入了横跨 E，P 和 C 的一对一相关的作业包的逻辑。然而，AWP 仅仅是一个基础，那些使它能够起作用所需要的系统，工作流程，和协调才是困难部分。这些困难的解决方法必须来自于我们的项目管理技术的工具箱。

使我们明智的不是对过去的回忆，而是对未来的责任。

George Bernard Shaw.

总结和相关链接：

我希望你能在这本书中发现一些你能使用和应用的东西。如果我的估算是正确的，那么你也发现了一些你不同意的地方。我非常享受被证明是错的，因为那意味着我们将有一个新的正确观点。

我们只知道我们被教导或经历到的东西，因此我将鼓励你分享你的经验，并且学习怎么从其他人那儿学到东西。

以下合作组织提供了互相学习的完美环境：

Construction Owners Association of Alberta: https://www.coaa.ab.ca

Construction Industry Institute: https://www.construction-institute.org

Fiatech: http://fiatech.org Curt: https://www.curt.org

ECC: http://www.ecc-conference.org

Lean Construction Institute Australasia: http:/ www.lcia.org.au Advanced Work Packaging Institute: https:// www. workpackaging.org

Linkedin AWP groups

下列组织可以提供 AWP 软件的支持:

ASI Group (also conduct the annual conferences): https:/ www.groupasi.com

Bentley ConstructSim: https://www.bentley.com Construct-X: http://www.construct-x.com

Element Industrial Solutions: http://elementindustrial.com Hexagon (Intergraph) Smart Construction: http:// hexagonppm.com

Insight-awp (us): www.insight-awp.com

参与 AWP 的探索和教育的学术机构：

University of Queensland

University of Alberta

University of Calgary

University of California, Berkley

University of Houston

University of Texas at Austin

还请在 youtube.com 上查看教程视频

Printed in the United States
By Bookmasters